XUEPLC HENRONGYI
TUSHUO PLC

学PLC很容易

——图说 PLC

李长军　徐　波　主　编

朱礼鸣　孟凡良　副主编

周　华　关开芹　李长城　卢　强

郭庆玲　王玉兰　朱　柯　薛喜香　参　编

中国电力出版社
CHINA ELECTRIC POWER PRESS

内 容 提 要

本书以三菱 FX2N 系列 PLC 为例介绍 PLC 的编程及综合应用，内容编排以入门、提高、实践为主线，分别介绍 PLC 的编程语言和基本指令、常用基本控制程序、功能指令及应用、PLC 的模拟量控制、PLC 控制系统应用设计等。全书的编写注重实用性，突出应用能力的提高；结构安排符合认知规律，条理清晰，语言通俗；内容编排照顾低起点读者的需要，图文结合，易学易懂。

本书适用于从事自动化应用的电气技术人员自学或作为培训教材，也可作为大中专院校、技校及职业院校电气专业的教材和参考用书。

图书在版编目（CIP）数据

学 PLC 很容易：图说 PLC / 李长军，徐波主编. —北京：中国电力出版社，2017.11
ISBN 978-7-5198-1155-6

Ⅰ.①学… Ⅱ.①李… ②徐… Ⅲ.①PLC 技术–图解 Ⅳ.①TM571.6–64

中国版本图书馆 CIP 数据核字（2017）第 230439 号

出版发行：中国电力出版社
地　　址：北京市东城区北京站西街 19 号（邮政编码 100005）
网　　址：http://www.cepp.sgcc.com.cn
责任编辑：莫冰莹
责任校对：郝军燕
装帧设计：赵姗姗
责任印制：杨晓东

印　　刷：三河市航远印刷有限公司
版　　次：2017 年 11 月第一版
印　　次：2017 年 11 月北京第一次印刷
开　　本：787 毫米×1092 毫米　16 开本
印　　张：20.5
字　　数：393 千字
印　　数：0001—2000 册
定　　价：68.00 元

前　言

随着科技的迅速发展，生产生活中的电气自动化程度越来越高，越来越多的人正在或者将要从事自动控制工作。而 PLC 实现的工业控制应用尤为普遍，为了让大家能跟上新技术的发展，迅速掌握 PLC 技术，我们特编写了本书。

本书的编写主要贯彻了以下原则：

（1）以职业岗位需求入手，精选教材内容。本书以三菱 FX2N 系列 PLC 为例，主要介绍了 PLC 的基本知识、基本指令、功能指令、实践应用等，并在此基础上，深入浅出地介绍了相关的经典控制程序。

（2）本书突出"学中做、做中学"的指导思想。书中通过用不同形式的图片和表格，让读者轻松、快速、直观地学会 PLC 的编程与应用，尽快适应电气工作岗位的需求，尽快掌握 PLC 技术。

本书突出自学电工技术的特色，可作为初、中、高等电气技术人员的指导用书和中等职业学校、高职院校电气专业参考用书。

本书由李长军、关开芹任主编，周华任副主编，卢强、肖云、郭庆玲、李长城、薛喜香任参编。

在编写中，由于作者水平有限，书中难免存在错误和疏漏，恳请广大读者对本书提出宝贵的意见和建议，以便今后加以修改完善。

编　者

2017 年 9 月

目 录

第三篇　实　践　应　用

第一篇

快 速 入 门

第一章 认 识 PLC

第一节 PLC 简 介

一、PLC 的产生

　　1969 年，美国数字设备公司（DEC）研制出了世界上第一台可编程序控制器（PLC），并在美国通用汽车公司（GM）的汽车生产线上首次应用成功，实现了工业生产的自动化。

　　随着电子技术和计算机技术的发展，PLC 也在不断完善中。近年来，PLC 集电控、电仪、电传为一体，性能更加优越，已成为自动化工程的核心设备。如图 1-1 所示是三菱 FX 系列 PLC 外形，如图 1-2 所示是 PLC 控制系统的应用。

图 1-1　PLC 外形

—— 西门子S7–300PLC

图 1-2　PLC 控制系统的应用

　　1987 年，国际电工委员会（IEC）颁布了 PLC 标准草案第三稿，在草案中对 PLC 进行了如下定义：

　　PLC 是一种数字运算操作的电子系统，专为在工业环境下应用而设计。它采用可编程序的存储器，用来在其内部存储执行逻辑运算、顺序控制、定时、计数和算术运算等操作的指令，并通过数字的、模拟的输入和输出，控制各种类型的机械或生产过程。PLC 及其有关设备，都应按易于与工业控制系统形成一个整体，易于扩充其功能的原则设计。

二、PLC 的特点

现在 PLC 的功能已经远远超过了它的定义范围，PLC 的应用领域也在不断地拓宽。目前，PLC 在国内外已广泛应用于钢铁、石油、化工、电力、建材、机械制造、汽车、轻纺、交通运输、环保及文化娱乐等各个行业，如图 1-3 所示。

为适应各种场合使用，与一般控制装置相比较，PLC 有以下特点：

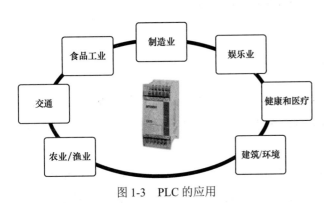

图 1-3　PLC 的应用

（1）可靠性高，抗干扰能力强。

（2）通用性强，控制程序可变，使用方便。

（3）功能强，适应面广。

（4）编程简单，容易掌握。

（5）减少了控制系统的设计及施工的工作量。

（6）体积小、质量轻、功耗低、维护方便。

三、PLC 的分类

PLC 产品的种类繁多，它们的规格和性能也有很大差异，对于 PLC 的分类，通常有下面几种方法。

1. 按结构形式分类

根据 PLC 结构形式的不同，可将 PLC 分为整体式、模块式和叠装式三类。小型 PLC 一般采用整体式结构，而大、中型 PLC 一般采用模块式结构。

（1）整体式 PLC。整体式 PLC 是将电源、CPU、I/O 接口等部件都集中装在一个机箱内，如图 1-4 所示。它具有结构紧凑、体积小、价格低等特点。

（2）模块式 PLC。模块式 PLC 是将 PLC 各组成部分，分别做成若干个单独的模块，如 CPU 模块、I/O 模块、电源模块以及各种功能模块。模块式 PLC 由框架（或基板）和各种模块组成，模块装在框架（或基

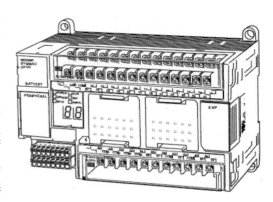

图 1-4　整体式 PLC

板）的插座上，如图 1-5 所示。

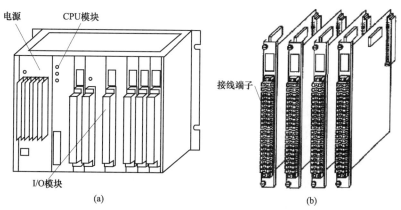

图 1-5　模块式 PLC

（a）模块插入机箱时的情形；（b）模块插板

（3）叠装式 PLC。叠装式 PLC 的 CPU、电源、I/O 接口等也是各自独立的模块，但它们之间靠电缆进行连接，并且各个模块可以一层一层地叠装起来，如图 1-6 所示。

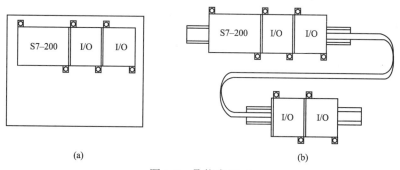

图 1-6　叠装式 PLC

（a）面板安装；（b）标准导轨安装

2. 按功能分类

根据 PLC 所具有的功能不同，可将 PLC 分为低档、中档和高档等三类。

（1）低档 PLC。具有逻辑运算、定时、计数、移位以及自诊断、监控等基本功能，还具有少量模拟量输入/输出、算术运算、数据传送和比较、通信等功能。低档 PLC 主要用于逻辑控制、顺序控制或少量模拟量控制的单机控制系统。

（2）中档 PLC。除具有低档 PLC 的功能外，还具有较强的模拟量输入/输出、算术运算、数据传送和比较、进制转换、远程 I/O、子程序、通信联网等功能。有些还可增设中断控制、PID 控制等功能，适用于复杂控制系统。

（3）高档 PLC。除具有中档 PLC 的功能外，还增加了带符号算术运算、矩阵运算、位逻辑运算、平方根运算及其他特殊功能函数的运算、制表及表格传送功能等。高档 PLC 具有更强的通信联网功能，可用于大规模过程控制或构成分布式网络控制系统，实现工厂自动化。

3. 按 I/O 点数分类

根据 PLC 的 I/O 点数的多少，可将 PLC 分为小型、中型和大型等三类。

（1）小型 PLC。小型 PLC 的 I/O 点数小于 256 点；单 CPU，8 位或 16 位处理器，用户存储器容量为 4KB 以下。如图 1-7 所示为小型 PLC。

（2）中型 PLC。中型 PLC 的 I/O 点数范围为 256～2048 点；双 CPU，用户存储器容量为 2～8KB。如图 1-8 所示为中型 PLC。

（3）大型 PLC。大型 PLC 的 I/O 点数一般是大于 2048 点；多 CPU，16 位、32 位处理器，用户存储器容量为 8～16KB。如图 1-9 所示为大型 PLC。

  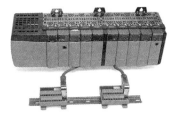

图 1-7　小型 PLC　　　　　图 1-8　中型 PLC　　　　　图 1-9　大型 PLC

四、典型 PLC 产品

1. 德国的西门子 PLC

西门子公司的电子产品以性能精良而久负盛名，在中、大型 PLC 产品领域与美国的 A-B 公司齐名。

（1）S7-200 系列。S7-200 系列是西门子公司的一种小型 PLC，适用于各行各业，各种场合中的检测、监测及控制的自动化。具有极高的性能价格比，如图 1-10 所示。

（2）S7-300 系列。S7-300 系列是西门子公司应用最广的中型 PLC，它能够支持和帮助用户进行编程、启动和维护，是西门子公司销量最多的 PLC 产品，如图 1-11 所示。

（3）S7-400 系列。S7-400 系列是西门子公司的大型 PLC，采用模块化结构，它具有的模板扩展和配置功能，这使得它能够按照不同的需求进行灵活组合，如图 1-12 所示。

 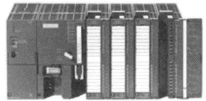 

图 1-10　S7-200 系列 PLC　　　图 1-11　S7-300 系列 PLC　　　图 1-12　S7-400 系列 PLC

2. 日本三菱 PLC

日本的小型 PLC 最具特色，在小型机领域中非常出名。三菱公司的 PLC 是较早进入中国市场的产品，它生产的 PLC 有 FX 系列和 Q 系列，其中 FX 系列为小型 PLC，Q 系列为大型 PLC。

（1）FX1S 系列。FX1S 系列 PLC 是三菱公司 PLC 家族中体积最小的经典产品。它不仅具有完整的性能，而且还具有通信功能等扩展性，如图 1-13 所示。

（2）FX1N 系列。FX1N 系列 PLC 是三菱公司推出的功能强大的普及型 PLC。它具有扩展输入输出、模拟量控制和通信、链接功能等扩展性，广泛应用于一般的顺序控制，如图 1-14 所示。

（3）FX2N 系列。FX2N 系列 PLC 是三菱公司 FX 家族中最先进的系列。它具有高速处理及可扩展性能，为工厂自动化应用提供最大的灵活性和控制能力，如图 1-15 所示。

 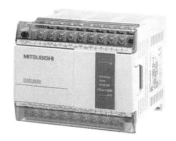 

图 1-13　FX1S 系列 PLC　　　图 1-14　FX1N 系列 PLC　　　图 1-15　FX2N 系列 PLC

（4）FX3U 系列。FX3U 系列 PLC 是三菱公司新近推出的第三代 PLC 产品。它的基本功能有了大幅度的提升，并且增加了新的定位指令，定位控制功能更加强大，使用更加方便，如图 1-16 所示。

（5）Q 系列。Q 系列 PLC 是三菱公司推出的大型 PLC 产品，它具有超小的体积、丰富的机型、灵活的安装方式、双 CPU 协同处理等特点，是三菱公司现有 PLC 中最高性能的 PLC，如图 1-17 所示。

图 1-16　FX3U 系列 PLC　　　　图 1-17　Q 系列 PLC

3. 欧姆龙 PLC

欧姆龙（OMRON）PLC 也是日本生产的，规格非常齐全，大型机、中型机、小型机和微型机都有。

（1）CP1L 系列。CP1L 系列 PLC 属于欧姆龙公司的微型机，具有较小的编程容量和较少的输入输出点数，它的体积极小，速度却非常快，如图 1-18 所示。

（2）CPM1A 系列。CPM1A 系列 PLC 是欧姆龙公司的一种小型整体式 PLC，一般用于小型设备和小规模控制系统中，图 1-19 所示。

图 1-18　CP1L 系列 PLC　　　　图 1-19　CPM1A 系列 PLC

（3）C200H 系列。C200H 系列 PLC 是欧姆龙公司前些年比较畅销的高性能中型机，有齐全的 I/O 模块和高功能模块，还有较强的通信和网络功能，如图 1-20 所示。

（4）CS1 系列。CS1 系列 PLC 是欧姆龙公司生产的大型机，它具有最高的 I/O 响应性能和数据处理功能，可以更精确地大幅度降低过程时间，控制设备运作，如图 1-21 所示。

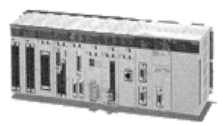

图 1-20　C200H 系列 PLC　　　　图 1-21　CS1 系列 PLC

4. 松下系列 PLC

日本松下公司的 PLC 产品中，FP0 为微型机，FP1 为整体式小型机，FP3 为中型机，FP5/FP10、FP10S、FP20 为大型机。FP0 和 FP1 如图 1-22 所示。

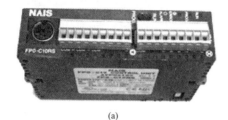
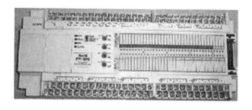

(a)   (b)

图 1-22 松下公司的 PLC

(a) FP0；(b) FP1

5. 国产 PLC

我国有许多厂家及科研院从事 PLC 的研制及开发工作，如中国科学院自动化研究所的 PLC-0088，上海机床电器厂的 CKY-40，苏州机床电器厂的 YZ-PC-001A，原机电部北京工业自动化研究所的 MPC-001/20、KB20/40，北京腾空科技有限公司生产的 T9 系列 PLC，天津中环自动化仪表公司的 DJK-S-84/86/480，上海香岛机电制造有限公司的 ACMY-S80、ACMY-S256，无锡华光电子工业有限公司（合资）的 SR-10、SR-10/20 等。图 1-23 所示为国产三洋 PLC；图 1-24 所示为国产益达有壳 PLC；图 1-25 所示为国产益达无壳 PLC 产品；图 1-26 所示为腾控 PLC 产品；图 1-27 所示为无锡信捷 PLC；图 1-28 所示为汇川 PLC。

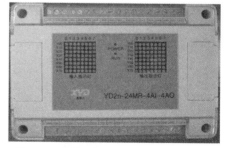

图 1-23 国产三洋 PLC   图 1-24 国产益达 YD2n 系列有壳 PLC

近年来，国产 PLC 的推广占据了部分小型 PLC 市场，国产 PLC 的特点及优势如下：

（1）绝大多数是小型机，性价比较高，发展潜力还很大，主要控制小规模的设备系统。

（2）国产 PLC 价格非常低廉，比国外便宜 1/3 以上。

（3）PLC 功能及稳定性相当成熟，一般小型设备的功能都能满足。

图 1-25 国产益达无壳 YD2n-30MRT-4AD-2DA

图 1-26 腾控 T-910 PLC

（4）其编程软件与国外某些品牌非常类似，虽然形式上稍有不同，但是学过国外 PLC 的技术人员只需简单看一下相关手册就能使用。

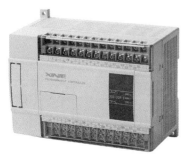

图 1-27 信捷 XC3 系列

图 1-28 汇川 PLC

台湾台达公司生产的 PLC 主要有 DVP 系列（图 1-29）和高端 AH500 系列，如图 1-30 所示。

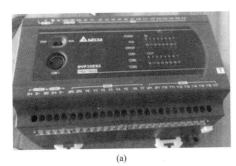

(a)

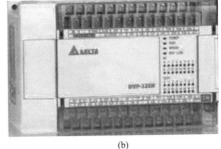

(b)

图 1-29 DVP 系列

（a）ES2 系列；（b）EH3 系列

图 1-30 AH500 系列 PLC

第二节 PLC 的组成

由于三菱 PLC 进入我国的市场比较早，技术比较成熟，资料较多而且功能比较强大，本书以三菱 FX2N-32MR 为例进行学习。

一、PLC 的外形介绍

1. 型号介绍

PLC 的型号介绍如图 1-31 所示。

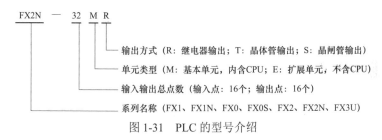

图 1-31 PLC 的型号介绍

2. 面板组成

FX2N-32MR 小型 PLC 面板可以分为四部分，分别是输入接线端、输出接线端、操作面板和状态指示栏，如图 1-32 所示。

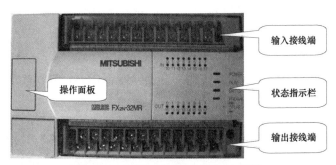

图 1-32 FX2N-32MR 小型 PLC 面板

（1）输入接线端。输入接线端可分为电源输入端、电源输出端、输入公共端（COM）和输入接线端子（X）三部分，如图 1-33 所示。

1）电源输入端。接线端子 L 接电源的相线，N 接电源的中线，PE 接地。电源电压一般为单相交流电 100～240V，为 PLC 提供工作电压。

2）电源输出端。为传感器或其他小容量负载供给 24V 直流电。

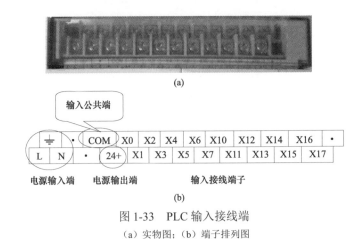

图 1-33　PLC 输入接线端

（a）实物图；（b）端子排列图

3）输入接线端子和公共端子。在 PLC 控制系统中，将各种按钮、行程开关和传感器等主令电器直接接到 PLC 输入接线端子和公共端之间。PLC 每个输入接线端子的内部都对应一个输入继电器，形成输入接口电路，如图 1-34 所示。

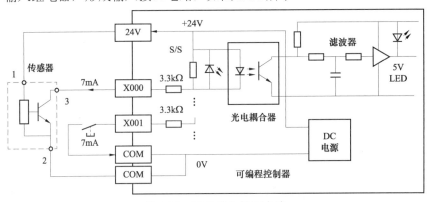

图 1-34　PLC 输入接口电路

（2）输出接线端。PLC 输出接线端分为公共端（COM）和输出接线端子（Y），如图 1-35 所示。

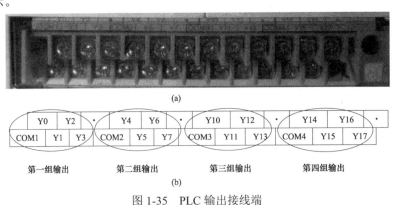

图 1-35　PLC 输出接线端

（a）实物图；（b）对应端子排列图

FX2N-32MR PLC 共有 16 个输出端子，分别与不同的 COM 端子组成一组，可以接不同电压等级的负载，如图 1-35 所示。在 PLC 内部，几个输出 COM 端之间没有联系。PLC 每个输出接线端子的内部都对应一个输出继电器，形成输出接口电路，如图 1-36 所示。

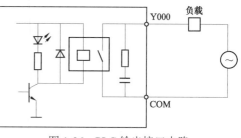

图 1-36　PLC 输出接口电路

（3）操作面板。操作面板包括 PLC 工作方式选择开关、可调电位器、通信接口、选件连接插口四部分，如图 1-37 所示。

图 1-37　PLC 操作面板

1）PLC 工作方式选择开关：有 RUN 和 STOP 挡。

2）通信接口：用于 PLC 与计算机的连接通信。

3）选件连接插口：用于安装存储卡盒选件用的接口。

4）功能扩展接口：用于安装功能扩展板用的接口。

（4）状态指示栏。状态指示栏分为输入状态指示、输出状态指示、运行状态指示三部分，如图 1-38 所示。

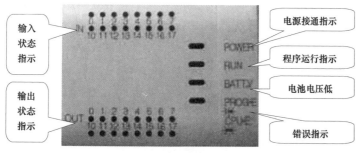

图 1-38　PLC 状态指示栏

1）输入状态指示。当输入端子有信号时，对应的 LED 灯亮。

2）输出状态指示。当输出端子有信号输出时，对应的 LED 灯亮。

3）运行状态指示。

POWER LED 亮：表示 PLC 已接通电源。

RUN LED 亮：表示 PLC 处于运行状态。

BATTV LED 亮：表示 PLC 电池电压低。

PROG-E：PLC 程序错误时指示灯会闪烁；CPU 错误时指示灯亮。

二、PLC 的内部结构

PLC 主要由中央处理器（CPU）、存储器、输入单元、输出单元、通信接口、扩展接口、电源等部分组成。

对于整体式 PLC，所有部件都装在同一机壳内，其组成框图如图 1-39 所示。对于模块式 PLC，各部件独立封装成模块，各模块通过总线连接，安装在机架或导轨上，其组成框图如图 1-40 所示。

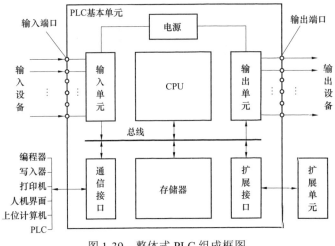

图 1-39　整体式 PLC 组成框图

尽管整体式与模块式 PLC 的结构不太一样，但各部分的功能是相同的，下面对 PLC 各主要组成部分进行介绍。

1. 中央处理器（CPU）

CPU 是 PLC 的核心，在 PLC 中 CPU 按系统程序赋予的功能，指挥 PLC 有条不紊地进行工作。

CPU 的作用主要有以下几个方面：

（1）接收从编程器输入的用户程序和数据。

（2）诊断电源、PLC 内部电路的工作故障和编程中的语法错误等。

（3）通过输入接口接收现场的状态或数据，并存入输入映象寄存器或数据寄存器中。

（4）从存储器逐条读取用户程序，经过解释后执行。

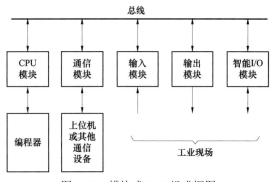

图 1-40 模块式 PLC 组成框图

（5）根据执行的结果，更新有关标志位的状态和输出映象寄存器的内容，通过输出单元实现输出控制。有些 PLC 还具有制表打印或数据通信等功能。

2. 存储器

存储器主要用于存放系统程序、用户程序及工作数据。PLC 的存储器由只读存储器（ROM）、随机存储器（RAM）和可电擦写的存储器（EEPROM）三部分组成。

系统程序是由 PLC 的制造厂家编写的，为用户完成系统诊断、命令解释、功能子程序调用管理、逻辑运算、通信及各种参数设定等功能，直接固化在 ROM 中，用户不能访问和修改。

用户程序是由用户根据生产工艺的控制要求而编制的应用程序。为了便于读出、检查和修改，用户程序一般存于 RAM 中，用锂电池作为后备电源，以保证掉电时不会丢失信息。为了防止干扰对 RAM 中程序的破坏，当用户程序经过运行正常，不需要改变，可将其存放在 EEPROM 中。

3. 输入/输出单元

输入/输出单元通常也称 I/O 接口或 I/O 模块，是 PLC 与工业生产现场之间的连接部件。PLC 通过输入接口可以检测被控对象的各种数据，以这些数据作为 PLC 对被控制对象进行控制的依据；同时 PLC 又通过输出接口将处理结果送给被控制对象，以实现控制目的。

PLC 提供了多种类型的 I/O 接口供用户选用。常用的 I/O 接口的类型有数字量（开关量）输入、数字量（开关量）输出、模拟量输入、模拟量输出等。PLC 的 I/O 接口所能接受的输入信号个数和输出信号个数称为 PLC 输入/输出（I/O）点数。I/O 点数是选择 PLC 的重要依据之一。当系统的 I/O 点数不够时，可通过 PLC 的 I/O 扩展接口对系统进行扩展。

4. 通信接口

PLC 配有各种通信接口，PLC 通过这些通信接口可与监视器、打印机、其他 PLC、计算机等设备实现通信。

PLC 与打印机连接，可将过程信息、系统参数等输出打印；与监视器连接，可将控制过程图像显示出来；与其他 PLC 连接，可组成多机系统或连成网络，实现更大规模控制；与计算机连接，可组成多级分布式控制系统，实现控制与管理相结合。远程 I/O 系统也必须配备相应的通信接口模块。

5. 智能接口模块

智能接口模块是一个独立的计算机系统，它有自己的 CPU、系统程序、存储器以及与 PLC 系统总线相连的接口。

它作为 PLC 系统的一个模块，通过总线与 PLC 相连，进行数据交换，并在 PLC 的协调管理下独立地进行工作。

6. 编程装置

编程装置的作用是编辑、调试、输入用户程序，也可在线监控 PLC 内部状态和参数，与 PLC 进行人机对话。编程装置可以是专用编程器，也可以是配有专用编程软件包的通用计算机系统。专用编程器有简易编程器和智能编程器两类。

由于专用编程器是由 PLC 厂家生产，只能对指定厂家的几种 PLC 进行编程，使用范围有限，价格较高。同时，由于 PLC 产品不断更新换代，所以专用编程器的生命周期也十分有限。因此，现在的趋势是使用以个人计算机为基础的编程装置，用户只要购买 PLC 厂家提供的编程软件和相应的硬件接口装置。这样，用户只用较少的投资即可得到高性能的 PLC 程序开发系统。

7. 电源

PLC 配有开关电源，以供内部电路使用。与普通电源相比，PLC 电源的稳定性好、抗干扰能力强。对电网提供的电源稳定度要求不高，一般允许电源电压在其额定值±15%的范围内波动。许多 PLC 还向外提供直流 24V 稳压电源，用于对外部传感器供电。

8. 其他外部设备

除了以上所述的部件和设备外，PLC 还有许多外部设备，如 EPROM 写入器、外存储器、人/机接口装置等。

三、PLC 常用的软元件

PLC 内部的编程元件并不是实际的物理元件，它实质上是存储器单元的状态。若单元状态为"1"，则相当于元件接通；若单元状态为"0"，则相当于元件断开。因此，我们称这些编程元件为"软元件"。

不同厂家、不同系列的 PLC，其内部软元件的功能和编号都不相同，三菱 FX 系列 PLC 常用的软元件见表 1-1。

表 1-1

三菱 FX 系列 PLC 常用的软元件一览表

元件种类 \\ PLC 型号		FX0S	FX1S	FX0N	FX1N	FX2N
输入继电器 X（按八进制编号）		X0～X17 不可扩展	X0～X17 不可扩展	X0～X43 可扩展	X0～X43 可扩展	X0～X77 可扩展
输出继电器 Y（按八进制编号）		Y0～Y15 不可扩展	Y0～Y15 不可扩展	Y0～Y27 可扩展	Y0～Y27 可扩展	Y0～Y77 可扩展
辅助继电器 M	普通用	M0～M495	M0～M383	M0～M383	M0～M383	M0～M499
	保持用	M496～M511	M384～M511	M384～M511	M384～M1535	M500～M3071
	特殊用	M8000～M8255（具体见使用手册）				
状态继电器 S	初始状态	S0～S9	S0～S9	S0～S9	S0～S9	S0～S9
	回原点用	—	—	—	—	S10～S19
	普通用	S10～S63	S10～S127	S10～S127	S10～S999	S20～S499
	保持用		S0～S127	S0～S127	S0～S999	S500～S899
	报警用					S900～S999
定时器 T	100ms	T0～T49	T0～T62	T0～T62	T0～T199	T0～T199
	10ms	T24～T49	T32～T62	T32～T62	T200～T245	T200～T245
	1ms	—		T63		—
	1ms 积算	—	T63	—	T246～T249	T246～T249
	100ms 积算	—		—	T250～T255	T250～T255
计数器 C	普通-递增	C0～C13	C0～C15	C0～C15	C0～C15	C0～C99
	保持-递增	C14、C15	C16～C31	C16～C31	C16～C199	C100～C199
	普通-可逆	—		—	C200～C219	C200～C219
	保持-可逆				C220～C234	C220～C234
	高速计数	C235～C255（具体见使用手册）				
数据寄存器 D	普通-16 位	D0～D29	D0～D127	D0～D127	D0～D127	D0～D199
	保持-16 位	D30、D31	D128～D255	D128～D255	D128～D7999	D200～D7999
	特殊-16 位	D8000～D8069	D8000～D8255	D8000～D8255	D8000～D8255	D8000～D8255
变址寄存	变址-16 位	V	V0～V7	V	V0～V7	V0～V7
		Z	Z0～Z7	Z	Z0～Z7	Z0～Z7
指针 N、P、I	嵌套用	N0～N7	N0～N7	N0～N7	N0～N7	N0～N7
	跳转用	P0～P63	P0～P63	P0～P63	P0～P127	P0～P127
	输入中断	I00*～I30*	I00*～I50*	I00*～I30*	I00*～I50*	I00*～I50*
	定时中断	—	—	—	—	I6**～I8**
	计数中断	—	—	—	—	I010～I060
常数 K、H	16 位	K：-32 768～32 767 H：000～FFFFH				
	32 位	K：-2 147 483 648～2 147 483 647 H：00000000～FFFFFFFF				

* 表示数值任取。

** 表示定时中断时间（取值范围 10～99ms）。

1. 输入继电器（X）

作用：用来接收外部输入的开关量信号，通过输入端子与外部设备相连。

编号：X000～X007、X010～X017……

说明：

（1）输入继电器以八进制方式编号。

（2）输入继电器只能输入驱动，不能程序驱动。

（3）一个输入继电器可以有无数的动合触点和动断触点。

（4）输入信号（ON、OFF）至少要维持一个扫描周期。

2. 输出继电器（Y）

作用：输出程序运行的结果，通过输出端子控制外部负载。

编号：Y000～Y007、Y010～Y017……

说明：

（1）输出继电器以八进制方式编号。

（2）输出继电器只能程序驱动，不能外部驱动。

（3）一个输出继电器只有一个与输出端子连接的动合触点。

（4）梯形图中输出继电器的动合触点和动断触点可以多次使用。

3. 辅助继电器（M）

作用：是一种内部的状态标志，相当于继电器控制系统中的中间继电器。

分类：辅助继电器通常分为三类：通用型、断电保持型、特殊用途型。

说明：

（1）辅助继电器以十进制方式编号。只能程序驱动，不能接收外部信号，也不能驱动外部负载。可以有无数的动合触点和动断触点。

（2）通用辅助继电器在 PLC 电源断开后，其状态将变为 OFF。当电源恢复后，除因程序使其变为 ON 外，否则它仍保持 OFF。

（3）断电保持型辅助继电器在 PLC 电源断开后，具有保持断电前瞬间状态的功能，并在恢复供电后继续断电前的状态。

（4）特殊辅助继电器是具有某项特定功能的辅助继电器。FX2N 系列 PLC 常用的特殊辅助继电器见表 1-2。

4. 状态继电器（S）

作用：用于编制顺序控制程序的状态标志。

表 1-2

FX2N 系列 PLC 常用的特殊辅助继电器

元件号	名称	功能	元件号	名称	功能
运行监控			PLC 模式		
M8000	动合触点	当 PLC 处于 RUN 时，其线圈一直得电	M8034	禁止全部输出	当 M8034 线圈被接通时，PLC 的所有输出自动断开
M8001	动断触点	当 PLC 处于 STOP 时，其线圈一直得电	M8035	强制运行模式	当 M8035 或 M8036 强制为 ON 时，PLC 运行；当 M8037 强制为 ON 时，PLC 停止运行
初始脉冲			M8036	强制运行信号	
M8002	动合触点	PLC 开始运行的第一个扫描周期其得电	M8037	强制停止信号	
M8003	动断触点	PLC 开始运行的第一个扫描周期其失电	步进顺控		
时钟脉冲			M8040	禁止状态转移	M8040 接通时，禁止状态转移
M8011	10ms 周期	接通 5ms，断 5ms	M8041	状态转移开始	自动方式时从初始状态开始转移
M8012	100ms 周期	接通 50ms，断 50ms	M8042	启动脉冲	启动输入时的脉冲输出
M8013	1s 周期	接通 500ms，断 500ms	M8043	回原点完成	原点返回方式的结束后接通
M8014	1min 周期	接通 30s，断 30s	M8044	原点条件	检测到机械原点时动作
标志脉冲			M8045	禁止输出复位	方式切换时，不执行全部输出的复位
M8020	零标志	当运算结果为 0 时，其线圈得电	M8046	STL 状态置 ON	M8047 为 ON 时，若 S0～S899 中任意一处接通，则为 ON
M8021	借位标志	减法运算的结果为负的最大值以下时，其线圈得电	M8047	STL 状态监控有效	接通后，D8040～D8047 有效
M8022	进位标志	加法运算或移位操作的结果发生进位时，其线圈得电	M8048	报警器接通	M8049 接通后，S900～S999 中任意一处接通，则为 ON

注　其他特殊辅助继电器的功能具体参见使用手册。

　　分类：状态继电器有五种类型：初始状态用、返回原点用、普通用、断电保持用、信号报警用。

　　说明：不使用步进指令时，状态继电器也可当作辅助继电器使用。

5. 定时器（T）

作用：当定时器线圈得电时，定时器从 0 开始计数，当计数值等于设定值时，定时器的触点接通，对应的时钟脉冲有 100ms、10ms、1ms 三种。

分类：FX2N 系列 PLC 共有 256 个定时器，可以分为非积算型和积算型两种。

（1）非积算定时器。100ms 的定时器 200 点（T0～T199），设定值为 1～32 767，所以其定时范围为 0.1～3276.7s。

10ms 的定时器共 46 点（T200～T245，设定值为 1～32 767，定时范围为 0.01～327.67s，非积算定时器的动作过程如图 1-41 所示。

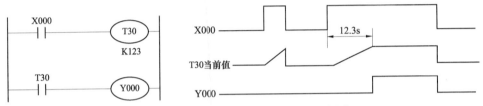

图 1-41　非积算定时器的动作过程示意图

在图 1-41 中可以看到，当发生断电或输入 X0 断开时，定时器 T30 的线圈和触点均发生复位，再上电之后重新开始计数，所以称其为非积算定时器。

（2）积算定时器。积算定时器具备失电保持功能，在定时过程中如果失电或定时器的线圈断开，积算定时器将保持当前的计数值；再上电或定时器线圈接通后，定时器将继续累积；只有将定时器强制复位后，当前值才能变为 0。

其中，1ms 的积算定时器共 4 点（T246～T249），对 1ms 的脉冲进行累积计数，定时范围为 0.001～32.767s。

100ms 的定时器共 6 点（T250～T255，设定值为 1～32 767，定时范围为 0.1～3276.7s。

积算定时器的动作过程如图 1-42 所示。

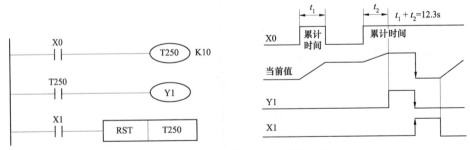

图 1-42　积算定时器的动作过程示意图

说明：

（1）定时器的设定值可用常数 K，也可用数据寄存器 D 中的参数。K 的范围为 1～32 767。

（2）普通定时器：输入断开或发生失电时，计数器和触点复位。

（3）积算定时器：输入断开或发生失电时，当前值保持，只有复位接通时，计数器和触点复位。

6. 计数器（C）

作用：计数器可以对 PLC 的内部元件，如 X、Y、M、T、C 等进行计数。

工作原理：当计数器的当前值与设定值相等时，计数器的触点将要动作。

分类：FX2N 系列计数器主要分为内部计数器和高速计数器两大类。内部计数器又可分为 16 位增计数器和 32 位双向（增减）计数器。

计数器的设定值范围：1～32 767（16 位）和 –214 783 648～+214 783 647（32 位）。

（1）16 位增计数器。16 位增计数器包括 C0～C199 共 200 点，其中 C0～C99 共 100 点为通用型；C100～C199 共 100 个点为失电保持型（断电后能保持当前值，待通电后继续计数）。16 位增计数器其设定值在 K1～K32767 范围内有效，设定值 K0 与 K1 意义相同，均在第一次计数时，其触点动作。16 位增计数器的动作示意图如图 1-43 所示。

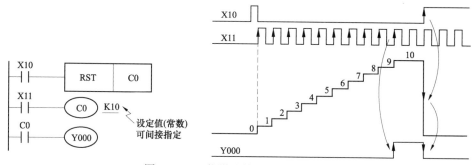

图 1-43　16 位增计数器的动作示意图

在图 1-43 中，X10 为计数器 C0 的复位信号，X11 为计数器的计数信号。当 X11 来第 10 个脉冲时，计数器 C0 的当前值与设定值相等，所以 C0 的动合触点动作，Y0 得电。如果 X10 为 ON，则执行 RST 指令，计数器被复位，C0 的输出触点被复位，Y0 失电。

（2）32 位双向计数器。32 位双向计数器包括 C200～C234 共 35 点，其中 C200～C219 共 20 点为通用型；C220～C234 共 15 点为断电保持型，由于它们可以实现双向增减的计数，所以其设定范围为 –214 783 648～+214 783 647（32 位）。

C200～C234 是增计数还是减计数，可以分别由特殊的辅助继电器 M8200～M8234 设定。当对应的特殊的辅助继电器为 ON 状态时，为减计数；否则为增计数，其使用方法如图 1-44 所示。

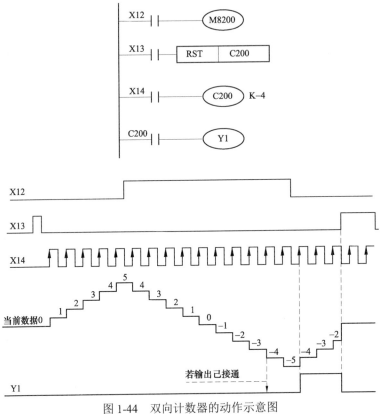

图 1-44　双向计数器的动作示意图

X12 控制 M8200：当 X12 为 OFF 时，M8200 为 OFF，计数器 C200 为加计数；当 X12 为 ON 时，M8200 为 ON，计数器 C200 为减计数。X13 为复位计数器的复位信号，X14 为计数输入信号。

如图 1-44 中，利用计数器输入 X14 驱动 C200 线圈时，可实现增计数或减计数。在计数器的当前值由–5 到–4 增加时，则输出点 Y1 接通；若输出点已经接通，则输出点断开。

（3）高速计数器。采用中断方式进行计数，与 PLC 的扫描周期无关。与内部计数器相比除允许输入频率高之外，应用也更为灵活，高速计数器均有断电保持功能，通过参数设定也可变成非断电保持。

说明：

（1）计数器需要通过 RST 指令进行复位。

（2）计数器的设定值可用常数 K，也可用数据寄存器 D 中的参数。

（3）双向计数器在间接设定参数值时，要用编号紧连在一起的两个数据寄存器。

（4）高速计数器采用中断方式对特定的输入进行计数，与 PLC 的扫描周期无关。

7. 数据寄存器（D）

作用：用来存储 PLC 进行输入输出处理、模拟量控制、位置量控制时的数据和参数。

分类：数据寄存器分为普通型、失电保持型和特殊型三种。

说明：

（1）数据寄存器按十进制编号。

（2）数据寄存器为 16 位，最高位是符号位。32 位数据可用两个数据寄存器存储，如图 1-45 所示。

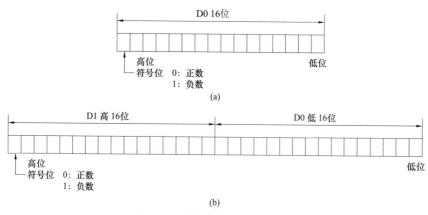

图 1-45　数据寄存器的数据长度

（a）16 位数据示意图；（b）32 位数据示意图

（3）通用数据寄存器在 PLC 由 RUN→STOP 时，其数据全部清零。如果将特殊继电器 M8033 置 1，则 PLC 由 RUN→STOP 时，数据可以保持。

（4）保持数据寄存器只要不被改写，原有数据就不会丢失，不论电源接通与否，PLC 运行与否，都不会改变寄存器的内容。

（5）特殊数据寄存器用来监控 PLC 的运行状态，如扫描时间、电池电压等。

8. 变址寄存器（V、Z）

作用：是一种特殊用途的数据寄存器，相当于微机中的变址寄存器，用于改变元件的编号（变址）。

说明：变址寄存器都是 16 位寄存器，当需要进行 32 位操作时，可将 V、Z 串联使用，Z 为低位，V 为高位。

9. 常数（K、H）

作用：通常用来表示定时器或计数器的设定值和当前值。

说明：十进制常数用 K 表示，如常数 123 表示为 K123。十六进制常数则用 H 表示，如常数 345 表示为 H159。

10. 指针（P、I）

作用：用来指示分支指令的跳转目标和中断程序的入口标号。

分类：分为分支用指针、输入中断指针、定时中断指针、计数中断指针。

说明：

（1）分支指针用来指示跳转指令（CJ）的跳转目标或子程序调用指令（CALL）调用子程序的入口地址。

（2）中断用指针作为中断程序的入口地址标号。

第三节　PLC 的工作原理

PLC 有两种工作模式，即运行（RUN）模式和停止（STOP）模式。运行模式是执行应用程序的过程。停止模式一般用于程序的编制与修改。

一、PLC 的工作过程

PLC 的工作过程一般包括内部处理、通信操作、输入处理、程序执行、输出处理五个阶段，如图 1-46 所示。

当 PLC 工作方式开关置于 RUN 时，执行所有阶段；当 PLC 工作方式开关置于 STOP 时，不执行后三个阶段，此时可进行通信操作，对 PLC 编程等。

1. 内部处理

PLC 检查 CPU 模块内部的硬件是否正常，进行监控、定时器复位等工作。在运行模式下，还要检查用户程序存储器，如果发现异常，则停止并显示错误；若自诊断正常，继续向下扫描。

2. 通信操作

在通信操作阶段，CPU 自检并处理各通信端口接收到的任何信息，完成数据通信服务。即检查是否有计算机、编程器的通信请求，若有则进行相应处理。

图 1-46　PLC 的工作过程

3. 输入处理

输入处理阶段又称输入采样阶段。在此阶段，按顺序扫描输入端子，把所有外部输入电路的接通/断开状态读入到输入映像寄存器，输入映像寄存器被刷新。

4. 程序执行

用户程序在 PLC 中是按顺序存放的。在程序执行阶段，在无中断或跳转指令的情况下，CPU 根据用户程序从第一条指令开始按自上而下、从左至右的顺序逐条扫描执行。

5. 输出处理

当所有指令执行完毕后，进入输出处理阶段，又称输出刷新阶段。CPU 将输出映像寄存器中的内容集中转存到输出锁存器，然后传送到各相应的输出端子，最后驱动外部负载。

二、PLC 用户程序的执行过程

在运行模式下，PLC 对用户程序重复地执行输入处理、程序执行、输出处理三个阶段，如图 1-47 所示。每重复一次的时间就是一个扫描周期，其典型值为 1～100ms。扫描周期与用户程序的长短、指令的种类和 CPU 执行指令的速度有很大的关系。

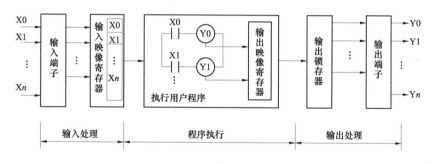

图 1-47　PLC 用户程序的执行过程

在用户程序执行过程中，输入映像寄存器的内容，由上一个输入采样期间输入端子的状态决定。输出映像寄存器的状态，由程序执行期间的执行结果所决定，随程序执行过程而变化。输出锁存器的状态，由程序执行期间输出映像寄存器的最后状态来确定。各输出端子的状态，由输出锁存器确定。程序如何执行，取决于输入、输出映像寄存器的状态。

在每次扫描中，PLC 只对输入采样一次，输出刷新一次，这可以确保在程序执行阶段，在同一个扫描周期的输入映像寄存器和输出锁存器中的内容保持不变。

三、输入输出滞后时间

若在程序执行过程中，输入信号发生变化，其输出不能及时做出反映，则只能等到下一个扫描周期开始时采样该变化了的输入信号。另外，程序执行过程中产生的输出不是立即去驱动负载，而是将处理的结果存放在输出映像寄存器中，等程序全部执行结束，才能将输出映像寄存器的内容通过锁存器输出到端子上。

PLC 的外部输入信号发生变化的时刻至它控制的有关外部输出信号发生变化的时刻的时间间隔，称为输入输出滞后时间，又称系统响应时间。

输入输出滞后时间由输入电路滤波时间、输出电路的滞后时间和因扫描工作方式产生的滞后时间这三部分组成。由于，PLC 总的输入输出滞后时间一般只有数十毫秒，对于一般的控制系统是无关紧要的。

第四节 PLC 常用外部设备与接线

一、PLC 常用输入设备与接线

PLC 输入端用来接收和采集用户输入设备产生的信号，这些输入设备主要有两种类型，一类是按钮、转换开关、行程开关、接近开关、光电开关、数字拨码开关与继电器触点等开关量输入设备；另一类是电位器、编码器和各种变送器等模拟量输入设备。正确地理解和连接输入和输出电路，是保证 PLC 安全可靠工作的前提。

1. 按钮、转换开关输入设备与接线

利用按钮推动传动机构，使动触点与静触点按通或断开，并实现电路换接的开关，如图 1-48 所示是一些结构简单、应用十分广泛的按钮和转换开关。在电气自动控制电路中，

图 1-48　按钮、转换开关实物图

主要用于手动发出控制信号，给 PLC 输入端子输送输入信号。如果把按钮接在 PLC 输入端子 X2 和 COM 之间、转换开关接在 PLC 输入端子 X0 和 COM 之间，其电路图如图 1-49 所示。

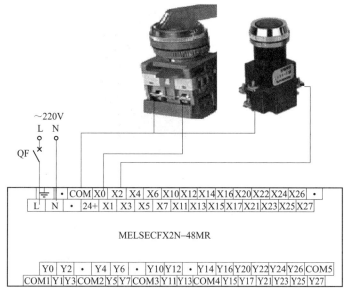

图 1-49　按钮、转换开关与 PLC 输入端子的接线示意图

2. 行程开关、接近开关、光电开关

行程开关、接近开关、光电开关实物图如图 1-50 所示。

（1）行程开关是利用生产机械运动部件的碰压，使其触头动作，从而将机械信号转变为电信号，使运动机械按一定的位置或行程实现自动停止、反向运动、变速运动或自动往返运动。行程开关与 PLC 输入端子的接线如图 1-51 所示。

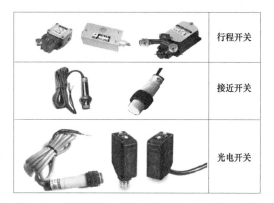

图 1-50　行程开关、接近开关与光电开关实物图

（2）接近开关可以在不与目标物实际接触的情况下检测靠近开关的金属目标物。根据操作原理，接近开关大致可以分为电磁感应的高频振荡型、磁力型和电容变化的电容型等三大类。

接近开关有两线制和三线制的区别，其接线也就有两线制和三线制接线两种。

1）三线制接线。三线制信号输出有 PNP（输出高电平约 24V）和 NPN（输出低电平

0V）两种形式，其接线也分为 PNP 和 PNP 两种形式。

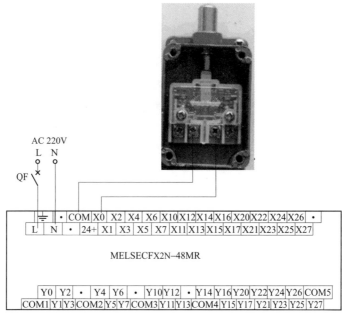

图 1-51　行程开关与 PLC 输入端子接线示意图

PNP 常开型接线。PNP 接通时为高电平输出，即接通时黑线输出高电平（通常为 24V），如图 1-52（a）所示中 PNP 型接近开关原理图，接近开关引出的三根线，棕线接电源正极，蓝线接电源负极，黑色为控制信号线。此为常开开关，当开关动作时黑线和棕线接通，此时负载两端加上直流电压而获电动作。

NPN 常开型接线。NPN 接通时是低电平输出，即接通时黑色线输出低电平（通常为 0V），如图 1-52（b）所示中 NPN 型接近开关原理图，此为常开开关。当开关动作时，黑色和蓝色两线接通，此时负载两端加上直流电压而获电动作。

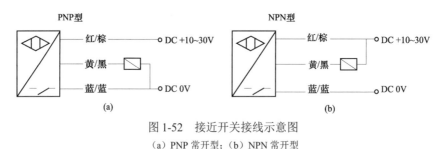

图 1-52　接近开关接线示意图
（a）PNP 常开型；（b）NPN 常开型

2）两线制接线。两线制接近开关的接线比较简单，接近开关与负载串联后接到电源，如图 1-53 所示。

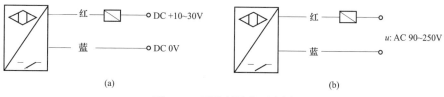

图 1-53 两线制接线示意图

（a）直流二线；（b）交流二线

（3）光电开关是利用被检测物体对红外光束的遮光或反射，由同步回路选通而检测物体的有无，其物体不限于金属，对所有能反射光线的物体均可检测。光电开关与 PLC 接线和接近开关与 PLC 接线相同，如图 1-54 所示是三线制的 NPN 型光电开关与 PLC 的接线示意图。NPN 型三线开关引出的三根线，棕色线接 PLC 传感器输出电源+24V 端子，蓝色线接 PLC 传感器输出电源负极端子 COM，黑色线为控制信号线接 PLC 输入端子 X0。

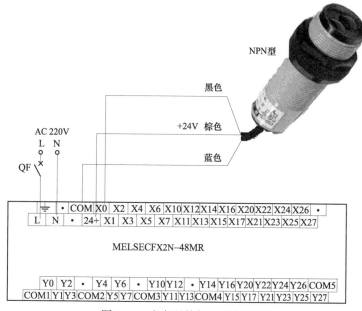

图 1-54 光电开关与 PLC 接线图

3. 数字拨码开关

拨码开关在 PLC 控制系统中常常用到，如图 1-55 所示为一位拨码开关的示意图。拨码开关有两种，一种是 BCD 码开关，即拨码数值从 0～9，输出为 8421 BCD 码；另一种是十六进制码，即从 0～F，输出为二进制码。拨码开关可以方便地进行数据变更。

如控制系统中需要经常修改数据，可使用拨码开关组成一组拨码器与 PLC 相接，如图 1-56 所示是四位拨码开关与 PLC 输入接口电路连接。四位拨码器的 COM 端连在一起与 PLC 的 COM（公共）端相接。每位拨码开关的 4 条数据线按一定顺序接到 PLC 的 4

个输入点上。

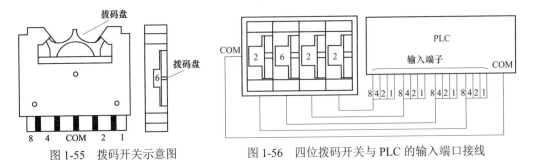

图 1-55　拨码开关示意图　　　图 1-56　四位拨码开关与 PLC 的输入端口接线

4. 编码器与 PLC 的输入接线

光电编码器是一种通过光电转换将输出轴上的机械几何位移量转换成脉冲或数字量的传感器，如图 1-57 所示。这是目前应用最多的传感器，光电编码器将被测的角位移直接转换成数字信号（高速脉冲信号）。因此，可将编码器的输出脉冲信号直接输入给 PLC，利用 PLC 的高速计数器对其脉冲信号进行计数，以获得测量结果。不同型号的旋转编码器，其输出脉冲的相数也不同，有的旋转编码器输出 A、B、Z 三相脉冲，有的只有 A、B 相两相，最简单的只有 A 相。

如图 1-58 所示为输出两相脉冲的旋转编码器与 FX 系列 PLC 的连接，编码器有 4 条引线，其中两条是脉冲输出线，1 条是 COM 端线，1 条是电源线。编码器的电源可以是外接电源，也可直接使用 PLC 的 DC24V 电源。电源"−"端要与编码器的 COM 端连接，"+"与编码器的电源端连接。编码器的 COM 端与 PLC 输入 COM 端连接，A、B 两相脉冲输出线直接与 PLC 的输入端（X0、X1）连接，连接时要注意 PLC 输入的响应时间。有的旋转编码器还有一条屏蔽线，使用时要将屏蔽线接地。

图 1-57　编码器外形图

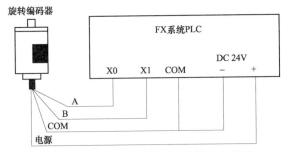

图 1-58　旋转编码器与 FX 系列 PLC 接线

二、PLC 常用输出设备与接线

PLC 输出设备一般为接触器、指示灯、数码管、报警器、电磁阀、电磁铁、调节阀、调速装置等各种执行机构。正确地连接输出电路，是保证 PLC 安全可靠工作的前提，下面逐一介绍。

1. 接触器、微型继电器与 PLC 的输出接线

接触器、微型继电器属于自动的电磁式开关，如图 1-59 所示是继电器实物图。其工作原理是：当电磁线圈通入额定电压后，线圈电流产生磁场，使静铁芯产生足够的吸力克服弹簧反作用力将动铁芯向下吸合，动合触头闭合，动断触头断开。这种电磁式开关通常应用于传统继电器控制线路和自动化的控制电路中，在电路中起着自动调节、安全保护、转换电路等作用。

图 1-59　继电器实物图

继电器与 PLC 输出接线如图 1-60 所示。图中的电气元件线圈额定电压是交流 220V和直流 24V，如果是直流 24V，则需要外加直流 24V 的开关电源，接线时注意不同电压等级和性质的电源要独立接线，输出端子的公共端不能共用，如图 1-60 所示中的 COM1和 COM2 公共端不能接在一起。

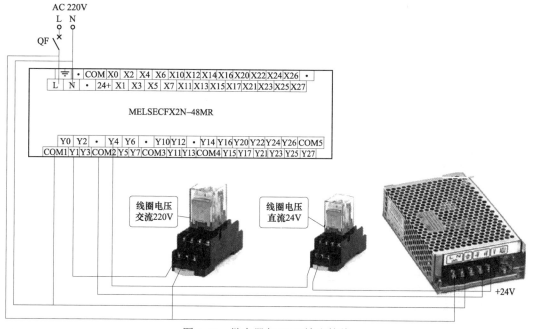

图 1-60　继电器与 PLC 输出接线

2. 电磁阀与 PLC 的输出接线

电磁阀是用来控制流体的一种自动化执行器件，如图 1-61 所示。电磁阀主要用于液压与气动控制中。其工作原理是：电磁阀里有密闭的腔，在不同位置开有通孔，每个孔都通向不同的管路，腔中间是阀，两端是两块电磁铁，哪端的电磁铁线圈通电，阀体就会被吸引到哪边，通过控制阀体的移动来挡住或打开孔，这样通过控制电磁铁的得电和失电来控制机械设备的运动。电磁阀与 PLC 的接线可参考继电器的接线，接线时要注意电磁阀的额定电压。

图 1-61　电磁阀实物图

3. 信号指示灯、声光报警器与 PLC 输出接线

在工业自动化控制系统中，为了安全和运行状况的指示，常常需要接入指示信号指示灯或声光报警器，如图 1-62 所示。与 PLC 的输出接线如图 1-63 所示，图中的电气元件额定电压为交流 220V。

(a)　　　　　　　　　　　　　　　　(b)

图 1-62　信号指示灯与声光报警器
（a）信号指示灯；（b）声光报警器

4. 数码管与 PLC 输出接线

数码管可分为七段数码管和八段数码管，是一种半导体发光器件，其基本单元是发光二极管，八段数码管有八个发光二极管，七段数码管有七个发光二极管。通过对

其不同的管脚输入相对的电流，使其发亮，可以显示十进制 0～9 的数字，也可以显示英文字母，包括十六进制中的英文 A～F。下面重点介绍七段共阴极数码管，其外形如图 1-64 所示。

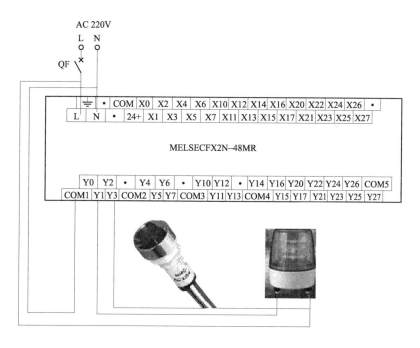

图 1-63　信号指示灯、声光报警器与 PLC 接线图

七段数码管分为共阳极和共阴极，如图 1-65 所示。在共阴极结构中，各段发光二极管的阴极连在一起，将此公共点接地，当某一段发光二极管的阳极为高电平时，该段二极管发光。共阳极的七段数码管的正极（或阳极）为八个发光二极管的正极连接在一起，当某段发光二极管的负极（或阴极）为低电平时，该段二极管发光。七段共阴极数码管与PLC 输出接线如图 1-66 所示。

图 1-64　数码管外形图

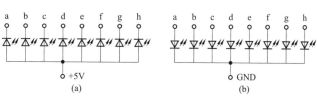

图 1-65　七段数码管结构形式

（a）共阳极七段数码管；（b）共阴极七段数码管

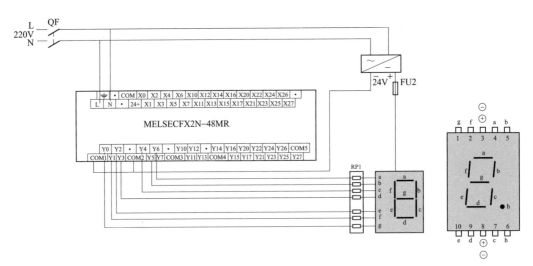

图 1-66　七段共阴极数码管与 PLC 输出接线图

第二章 PLC 编程语言与编程软件

第一节 编 程 语 言

PLC 为用户提供了完整的编程语言，以适应编制用户程序的需要。PLC 提供的编程语言通常有梯形图（LAD）、指令表（IL）、顺序功能流程图（SFC）、功能模块图（FBD）和结构化文本语言（ST）等几种。下面简要介绍几种常用的 PLC 编程语言。

一、梯形图（LAD）

梯形图是国内使用最多的图形编程语言，被称为 PLC 的第一编程语言。它沿用了传统的继电器控制电路图的形式和概念，其基本控制思想与继电器控制电路图很相似，只是在使用符号和表达方式上有一定区别。如图 2-1 所示是一个典型的梯形图。应用梯形图进行编程时，只要按梯形图逻辑行顺序输入到计算机中去，计算机就可自动将梯形图转换成 PLC 能接受的机器语言，存入并执行。

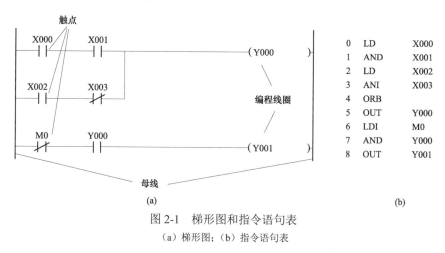

图 2-1 梯形图和指令语句表

（a）梯形图；（b）指令语句表

梯形图的结构形式是由两条母线（左右两条垂直的线）和两条母线之间的逻辑触点和线圈按一定结构形式连接起来的类似于梯子的图形（也称为程序或电路）。梯形图直观易懂，很容易掌握，为了更好地理解梯形图，这里把 PLC 与继电器控制电路相对比介绍，重点理解几个与梯形图相关的概念，表 2-1 给出了 PLC 与继电器控制电路的电气符号对照关系。梯形图常被称为电路或程序，梯形图的设计过程称为编程。

表 2-1

PLC 与继电器控制电路中的电气符号对照

触点、线圈	继电器符号	PLC 符号
动合触点	—／—	—┤├—
动断触点	—╱—	—╫—
线圈	—▢—	—( )—

1. 软继电器（即映像寄存器）

PLC 梯形图中的某些编程元件沿用了继电器这一名称，如输入继电器、输出继电器、内部辅助继电器等，但是它们不是真实的物理继电器，而是一些存储单元（软继电器），每一个软继电器与 PLC 存储器中映像寄存器的一个存储单元相对应。该存储单元如果为"1"状态，则表示梯形图中对应软继电器的线圈"通电"，其动合触点接通，动断触点断开，称这种状态是该软继电器的"1"或"ON"状态。如果该存储单元为"0"状态，对应软继电器的线圈和触点的状态与上述的相反，称该软继电器为"0"或"OFF"状态。使用中也常将这些"软继电器"称为编程元件。

2. 能流

当触点接通时，有一个假想的"概念电流"或"能流"（Power Flow）从左向右流动，这一方向与执行用户程序时的逻辑运算的顺序是一致的。能流只能从左向右流动。利用能流这一概念，可以更好地理解和分析梯形图。

3. 母线

梯形图两侧的垂直公共线称为母线（Bus Bar）。在分析梯形图的逻辑关系时，为了借用继电器电路图的分析方法，可以想象左右两侧母线（左母线和右母线）之间有一个左正右负的直流电源电压，母线之间有"能流"从左向右流动。

4. 梯形图的逻辑运算

根据梯形图中各触点的状态和逻辑关系，求出与图中各线圈对应的编程元件的状态，称为梯形图的逻辑运算。梯形图中逻辑运算是按从左至右、从上到下的顺序进行的。运算的结果马上可以被后面的逻辑运算所利用。逻辑运算是根据输入映像寄存器中的值，而不是根据运算瞬时外部输入触点的状态来进行的。

画梯形图时必须遵守以下原则：

（1）左母线只能连接各类继电器的触点，继电器线圈不能直接接左母线。

（2）右母线只能连接各类继电器的线圈（不含输入继电器线圈），继电器的触点不能直接接右母线。

（3）一般情况下，同一线圈的编号在梯形图中只能出现一次，而同一触点的编号在梯形图中可以重复出现。

（4）梯形图中触点可以任意的串联或并联，而线圈可以并联但不可以串联。

（5）梯形图应该按照从左到右、从上到下顺序画。

二、指令表（IL）

指令表类似于计算机汇编语言的形式，用指令的助记符来进行编程。它通过编程器按照指令表的指令顺序逐条写入 PLC 并可直接运行。指令表的助记符比较直观易懂，编程也简单，便于工程人员掌握，因此得到广泛的应用。但要注意不同厂家制造的 PLC，所使用的指令助记符有所不同，即对同一梯形图来说，用指令助记符写成的语句表也不同。如图 2-1（a）所示的梯形图所对应的指令表如图 2-1（b）所示。

语句是指令语句表编程语言的基本单元，每个控制功能由一个或多个语句组成的程序来执行。每条语句规定 PLC 中 CPU 如何动作的指令，PLC 的指令有基本指令和功能指令之分。图 2-2 所示是一段基本指令语句表的结构。

上面所给出的每一条指令都属于基本指令。基本指令一般由助记符和操作元件组成，助记符是每一条基本指令的符号（如 LD、OR、ANI、OUT 和 END），它表明了操作功能；操作元件是基本指令的操作对象（如 X000、X001、Y000 简写成 X0、X1、Y0）。某些基本指令仅由助记符组成，如 END 指令。

步序	助记符	操作元件
0	LD	X001
1	OR	Y001
2	ANI	X002
3	OUT	Y001
4	LD	X003
5	OUT	Y002
6	END	

图 2-2 指令语句表

三、功能模块图语言（FBD）

功能模块图语言是与数字逻辑电路类似的一种 PLC 编程语言。它的特点是：以功能模块为单位，不同的功能模块表示不同的功能，分析理解控制方案简单容易，直观性强。

由于功能模块是用图形的形式表达功能，对于具有数字逻辑电路基础的设计人员很容易掌握。对规模大、逻辑关系复杂的控制系统，用功能模块图编程，能够清楚表达功能关系，使编程调试时间大大减少。图 2-3 是对应图 2-1 梯形图的功能模块图语言的表达方式。

四、顺序功能流程图语言（SFC）

顺序功能流程图语言是为了满足顺序逻辑控制而设计的编程语言。它的特点是以功能为主线，按照功能流程的顺序分配，条理清楚，便于用户理解；避免梯形图或其他语言不能顺序动作的缺陷，同时用户程序扫描时间也大大缩短。

编程时将顺序控制流程动作的过程分成步和转换条件，根据转换条件对控制系统的功能流程顺序进行分配，一步一步地按照顺序动作。每一步代表一个控制功能任务，用方框表示。在方框内含有用于完成相应控制功能任务的梯形图逻辑。如图 2-4 所示是一个简单的顺序功能流程图。

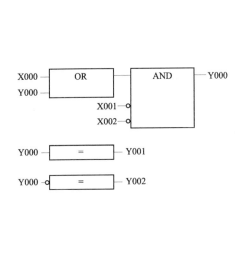

图 2-3　功能模块图

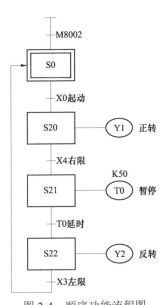

图 2-4　顺序功能流程图

五、结构化文本语言（ST）

结构化文本语言是用结构化的描述文本来描述程序的一种编程语言。它的特点是采用高级语言进行编程，可以完成较复杂的控制运算，主要用于其他编程语言较难实现的用户程序编制。

结构化文本语言需要有一定的计算机高级语言的知识和编程技巧，对工程设计人员要求较高。不同型号的 PLC 编程软件对以上五种编程语言的支持种类是不同的，早期的 PLC 仅仅支持梯形图语言和指令表语言。目前的 PLC 对梯形图、指令表、功能模块图语言都予以支持。

第二节 三菱编程软件 GX-Developer 的安装

三菱 GX-Developer Ver.8 编程软件是三菱公司设计的 Windows 环境下使用的 PLC 编程软件，它能够完成 Q 系列、QnA 系列、A 系列（包括运动 CPU）、FX 系列 PLC 梯形图、指令表、顺序功能流程图等的编程，支持当前所有三菱系列 PLC 的软件编程。该软件简单易学，具有丰富的工具箱和直观形象的视窗界面。编程时，既可用键盘操作，也可以用鼠标操作；操作时可联机编程；该软件还可以对以太网、MELSECNET/10（H）、CC-Link 等网络进行参数设定，具有完善的诊断功能，能方便地实现网络监控，程序的上传、下载不仅可通过 CPU 模块直接连接完成，也可以通过网络系统，如以太网、MELSECNET/10（H）、CC-Link、电话线等完成。

一、GX-Developer Ver.8 中文编程软件的安装

在进行 PLC 上机编程设计前，必须先进行编程软件的安装。GX-Developer Ver.8 中文编程软件的安装主要包括三部分：使用环境、编程软件和仿真软件。其安装的具体方法和步骤如下：

1. 使用环境的安装

在安装软件前，必须先安装使用（通用）环境，否则编程软件将无法正常安装使用。其安装的具体方法及步骤如下：

（1）打开 GX-Developer Ver.8 中文软件包，找到"EnvMEL"文件夹并打开，然后双击其中的使用环境安装图标 ，数秒后，会进入使用环境安装界面，如图 2-5 所示。

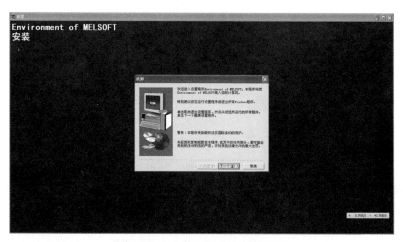

图 2-5 进入使用环境安装的界面

（2）按照安装提示依次单击界面里的"下一个（**N**）>"按钮即可完成使用环境的安装。

2. 编程软件的安装

安装好使用环境后就可以实施软件安装了。在安装软件的过程中，会要求输入一个序列号，并对一些选项进行选择。其具体方法及步骤如下：

（1）打开 GX-Developer Ver.8 中文软件包中的"记事本"文档，复制安装序列号，以备安装使用。

（2）双击 GX-Developer Ver.8 中文软件包中的软件安装图标，进入软件安装界面，然后进行一步一步地安装，进入用户信息界面，如图 2-6 所示。

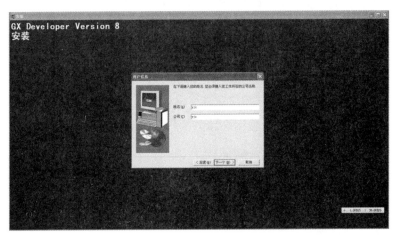

图 2-6　输入用户信息的界面

（3）单击图 2-6 所示对话框里的"下一个（**N**）>"按钮，会出现如图 2-7 所示的"注册确认"对话框，单击"是（Y）"按钮，将出现"输入产品序列号"对话框，输入之前复制的产品序列号，如图 2-8 所示。

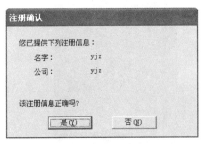

图 2-7　注册确认界面

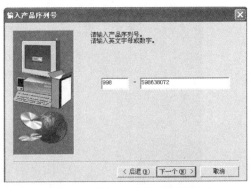

图 2-8　输入产品序列号的界面

（4）软件安装的项目选择。单击图 2-8 中的"下一个（N）>"按钮，会出现如图 2-9 所示的"选择部件"对话框。由于 ST 语言是在 IEC 61131-3 规范中被规定的结构化文本语言，在此也可不作选择，直接单击"下一个（N）>"按钮，会出现如图 2-10 所示的监视专用选择界面后单击"下一个（N）>"按钮。

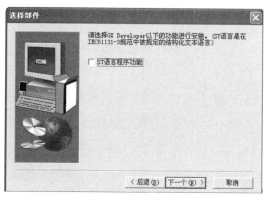
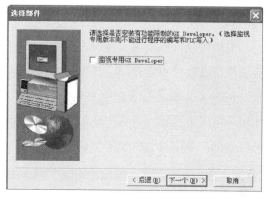

图 2-9　选择部件对话框（一）　　　　　图 2-10　选择部件对话框（二）

（5）当所有安装选项的选择部件确认完毕后，就会进入如图 2-11 所示的等待安装过程，直至出现如图 2-12 所示的"本产品安装完毕"对话框，软件才算安装完毕，然后单击对话框里的"确定"按钮，结束编程软件的安装。

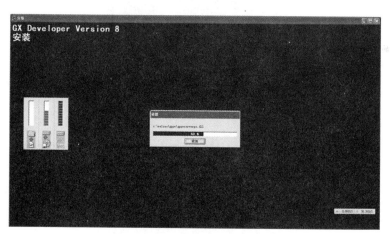

图 2-11　软件等待安装过程界面

图 2-12　软件安装完毕对话框

二、GX-Simulator6 中文仿真软件的安装

编程软件安装完毕后，即可进行仿真软件的安装。安装仿真软件的目的是在没有 PLC 的情况下，通过仿真软件来对编写完的程序进行模拟测试。其安装方法及步骤如下。

1. 使用环境的安装

与编程软件的安装一样，在安装仿真软件时，也应首先进行使用环境的安装，否则将会造成仿真软件不能使用。其安装方法如下：

打开 GX-Simulator6 中文软件包，找到"EnvMEL"文件夹并打开，然后双击其中的使用环境安装图标，首先出现如图 2-13 所示的界面，数秒后，会出现如图 2-14 所示的信息对话框，单击对话框里的"确定"按钮，即可完成仿真软件使用环境的安装。

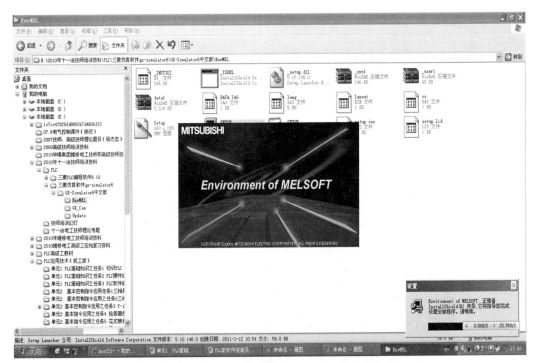

图 2-13　进入仿真软件使用环境安装的界面

图 2-14　仿真软件使用环境安装完毕的对话框

2. 仿真软件的安装

（1）打开 GX-Simulator6 中文软件包中的"记事本"文档，复制安装序列号，以备安装使用。

（2）双击 GX-Simulator6 中文软件包中的软件安装图标，进入软件安装画面，然后按照安装提示进行一步一步地安装，直至进入 SWnD5-LLT 程序设置安装的欢迎对话框，如图 2-15 所示。

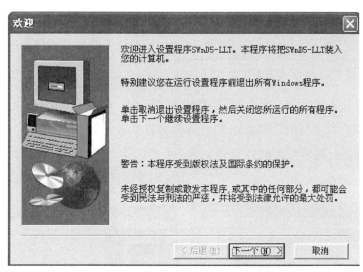

图 2-15　SWnD5-LLT 程序设置安装的欢迎对话框

特别注意：在安装的时候，最好把其他应用程序关掉，包括杀毒软件、防火墙、IE、办公软件。因为这些软件可能会调用系统的其他文件，影响安装的正常进行。如图 2-16 所示就是未关掉其他应用程序会出现的对话框，只要单击"确定"按钮即可。

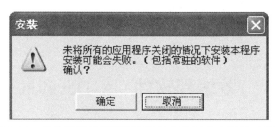

图 2-16　未关掉其他应用程序软件安装时会出现的对话框

（3）单击图 2-15 中的"下一个（N）>"按钮，出现如图 2-17 所示的"用户信息"对话框，输入用户信息，并单击对话框里的"下一个（N）>"按钮，会出现如图 2-18 所示的"注册确认"对话框，单击"是（Y）"按钮，将出现"输入产品 ID 号"对话框，如图 2-19 所示，输入之前复制的产品序列号即可。

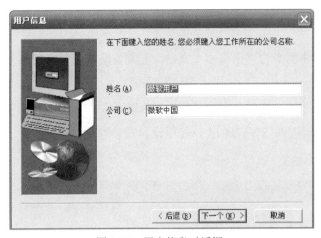

图 2-17 用户信息对话框

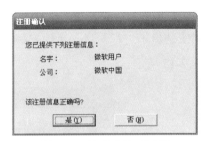

图 2-18 注册确认对话框

（4）单击"输入产品 ID 号"对话框里的"下一个（**N**）>"按钮，会出现如图 2-20 所示的选择目标位置对话框。然后单击对话框里的"下一个（**N**）>"按钮，会出现软件等待安装过程界面，数秒后，软件安装完毕，会弹出类似图 2-14 的软件安装完毕的对话框，此时只要单击对话框中的"确定"按钮，即可完成仿真运行软件的安装。

图 2-19 输入产品 ID 号对话框

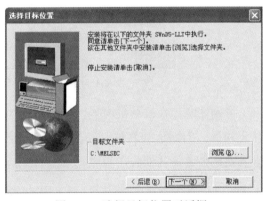

图 2-20 选择目标位置对话框

第三节 三菱编程软件 GX-Developer 的使用

一、GX-Developer 软件界面

1. GX-Developer Ver.8 编程软件的主要功能

GX-Developer Ver.8 编程软件的功能十分强大，集成了项目管理、程序键入、编译链接、模拟仿真和程序调试等功能，其主要功能如下：

（1）在 GX-Developer Ver.8 编程软件中，可通过线路符号、列表语言及 SFC 符号来创建 PLC 程序，建立注释数据及设置寄存器数据。

（2）创建 PLC 程序以及将其存储为文件，用打印机输出。

（3）创建的 PLC 程序可在串行系统中与 PLC 进行通信、文件传送、操作监控以及各种测试功能。

（4）创建的 PLC 程序可脱离 PLC 进行仿真调试。

2. GX–Developer Ver.8 编程软件的操作界面

GX-Developer Ver.8 软件打开后，会出现如图 2-21 所示的操作界面。其操作界面主要由项目标题栏（状态栏）、下拉菜单（主菜单栏）、快捷工具栏、编辑窗口、管理窗口等部分组成。在调试模式下，还可打开远程运行窗口、数据监视窗口等。

图 2-21　GX-Developer Ver.8 软件操作界面

（1）项目标题栏（状态栏）。项目标题栏（状态栏）主要显示工程名称、文件路径、编辑模式、程序步数以及 PLC 类型和当前操作状态等。

（2）下拉菜单（主菜单栏）。GX-Developer Ver.8 的下拉菜单（主菜单栏）包含工程、编辑、查找/替换、变换、显示、在线、诊断、工具、窗口、帮助等 10 个下拉菜单，每个菜单又有若干个菜单项。许多基本相同菜单项的使用方法和目前文本编辑软件的同名菜单项的使用方法基本相同，多数使用者一般很少直接使用菜单项，而是使用快捷工具。常用的菜单项都有相应的快捷按钮，GX-Developer Ver.8 的快捷键直接显示在相应菜单项的右边。

（3）快捷工具栏。GX-Developer Ver.8 共有 8 个快捷工具栏，即标准、数据切换、梯形图标记、程序、注释、软元件内存、SFC、SFC 符号工具栏。以鼠标选取"显示"菜单下的"工具条"命令，即可打开这些工具栏，常用的有标准、梯形图标记、程序工具栏，将鼠标停留在快捷按钮上片刻，即可获得该按钮的提示信息。如图 2-22 所示为工具栏上部分工具的名称。

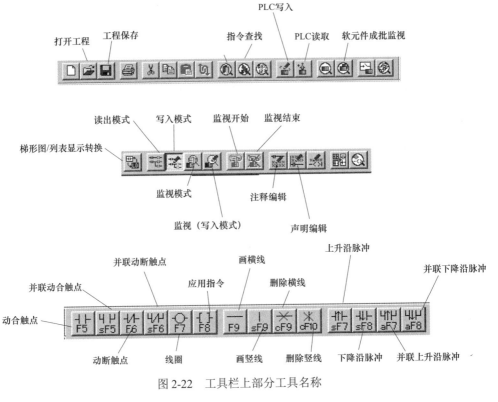

图 2-22　工具栏上部分工具名称

（4）编辑窗口。PLC 程序是在编辑窗口进行输入和编辑的，其使用方法和众多的编辑软件相似。具体的使用方法将在程序编程设计中进行详细的介绍。

（5）管理窗口。管理窗口是软件的工程参数列表窗口，主要包括显示程序、编程元件的注释、参数和编程元件内存等内容，可实现这些项目的数据设定、管理、修改等功能。

二、创建新工程

1. 系统启动

启动 GX-Developer 软件，单击桌面的"开始"→"程序"→"MELSOFT 应用程序"→"GX-Developer"选项，如图 2-23 所示。然后单击"GX-Developer"选项，就会打开 GX-Developer 窗口，如图 2-24 所示。若要退出系统，可用鼠标选取"工程"菜单下的"关闭"命令，即可退出 GX-Developer 系统。

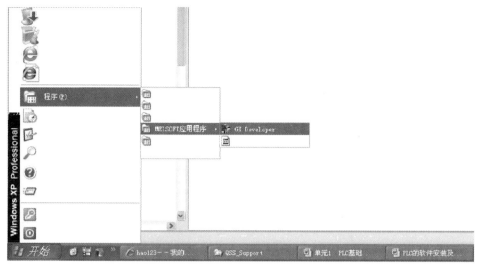

图 2-23 系统启动画面

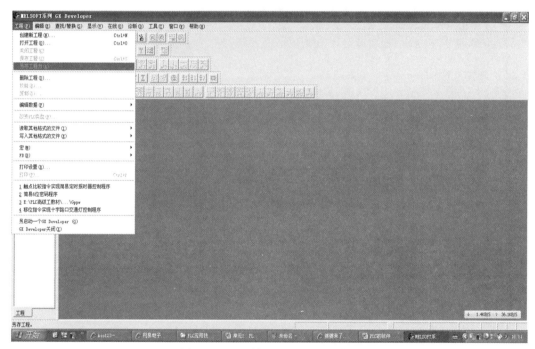

图 2-24 打开的 GX-Developer 窗口

2. 创建新工程

在图 2-24 的 GX-Developer 窗口中，选择"工程"→"创建新工程"菜单项，或者按
"Ctrl+N"键操作，在出现的创建新工程对话框的 PLC 系列中选择"FXCPU"，PLC 类型
选择 FX2N（C），程序类型选择"梯形图逻辑"，如图 2-25 所示。单击"确定"按钮，可
显示如图 2-26 所示的编程窗口；如单击"取消"按钮，则不建新工程。

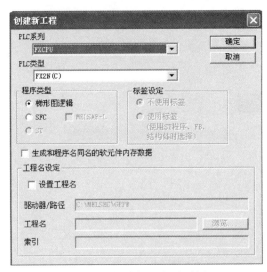

图 2-25　创建新工程对话框

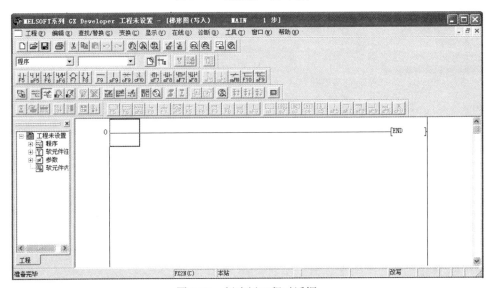

图 2-26　创建新工程对话框

【提示】

在创建工程名时，一定要弄清图 2-25 中各选项的内容。

（1）PLC 系列：有 QCPU（Q 模式）系列、QCPU（A 模式）系列、QnA 系列、ACPU 系列、运动控制 CPU（SCPU）和 FXCPU 系列。

（2）PLC 类型：根据所选择的 PLC 系列，确定相应的 PLC 类型。

（3）程序类型：可点选"梯形图逻辑"或"SFC"单选按钮，当在 QCPU（Q 模式）中选择 SFC 时，MELSAP-L 亦可选择。

（4）标签设定：当无须制作标签程序时，选择"不使用标签"；当需要制作标签程序时，选择"使用标签"。

（5）生成和程序同名的软元件内存数据：新建工程时，生成和程序同名的软元件内存数据。

（6）设置工程名：工程名用作保存新建的数据，在生成工程前设定工程名，单击复选框选中；另外，工程名可于生成工程前或生成后设定，但是生成工程后设定工程名时，需要在"另存工程为…"设定。

（7）驱动器/路径：在生成工程前设定工程名时可设定。

（8）工程名：在生成工程前设定工程名时可设定。

（9）确定：所有设定完毕后单击本按钮。

3. 打开工程

所谓打开工程，就是读取已保存的工程文件，其操作步骤如下：

选择"工程"→"打开工程"菜单或按"Ctrl+O"键，在出现的如图 2-27 所示的打开工程对话框中，选择所存工程驱动器/路径和工程名，单击"打开"按钮，进入编辑窗口；单击"取消"按钮，重新选择。

在图 2-27 中，选择"送料小车三地自动往返循环控制程序"工程，单击"打开"按钮后弹出梯形图编辑窗口，这样即可编辑程序或与 PLC 进行通信等操作。

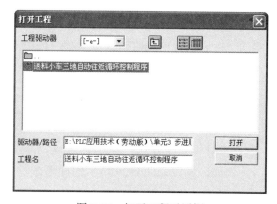

图 2-27　打开工程对话框

4. 文件的保存和关闭

保存当前 PLC 程序、注释数据以及其他在同一文件名下的数据，操作方法为执行"工程"→"保存工程"菜单操作或按"Ctrl+S"键操作。

将已处于打开状态的 PLC 程序关闭，操作方法是执行"工程"→"关闭工程"菜单操作即可。

【提示】

（1）在关闭工程时应注意：在未设定工程名或者正在编辑时选择"关闭工程"，将会弹出一个询问保存对话框，如图 2-28 所示。如果希望保存当前工程，应单击"是（Y）"按钮；否则，应单击"否（N）"按钮；如果需继续编辑工程，应单击"取消"按钮。

图 2-28　关闭工程时的对话框

（2）当未指定驱动器/路径名（空白）就保存工程时，GX-Developer 可自动在默认值设定的驱动器/路径中保存工程。

5. 删除工程

将已保存在计算机中的工程文件删除，操作步骤如下：

（1）选择"工程"→"删除工程"……，弹出"删除工程"对话框。

（2）单击将要删除的文件名，按 Enter 键，或者单击"删除"按钮；或者双击将要删除的文件名，弹出删除确认对话框。单击"取消"按钮，不继续删除操作。

（3）单击"是"按钮，确认删除工程；单击"否"按钮，返回上一对话框。

三、梯形图编辑

下面以具体的梯形图为例，来学习梯形图的编辑。

例如，输入如图 2-29 所示的梯形图程序，操作方法及步骤如下：

图 2-29　输入的梯形图示例

（1）新建一个工程，在菜单栏中选择"编辑"菜单—"写入模式"，如图 2-30 所示。在蓝线光标框内直接输入指令或单击 按钮（或按快捷键 F5），就会弹出"梯形图输入"对话框；然后在对话框的文本输入框中输入"LD X1"指令［LD 与 X1 之间需空格，如图 2-31（a）所示］，或在有梯形图标记"┤├"的文本框中输入"X1"，如图 2-31（b）

所示；最后单击对话框中的"确定"按钮或按 Enter 键，就会出现如图 2-32 所示的界面。

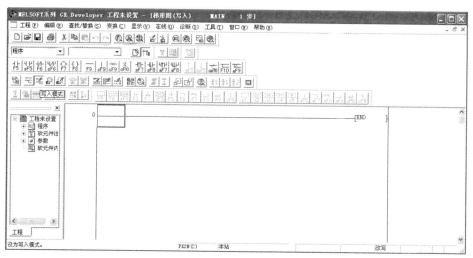

图 2-30 进入梯形图程序输入画面

(a)   (b)

图 2-31 梯形图输入对话框

（a）指令输入；（b）梯形图输入

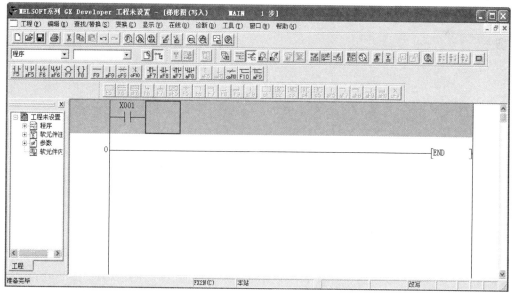

图 2-32 X001 输入完毕界面

（2）采用前述类似的方法输入"SET M1"指令（或单击 按钮，然后输入相应的指令），输入完毕后单击"确定"按钮，可得到如图 2-33 所示的界面。

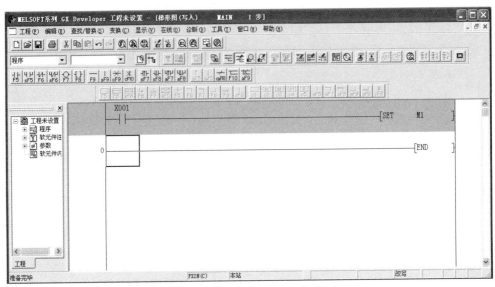

图 2-33 "SET M1" 输入完毕界面

（3）用上述类似的方法输入"LD M1"和"OUT Y1"指令，如图 2-34 所示。

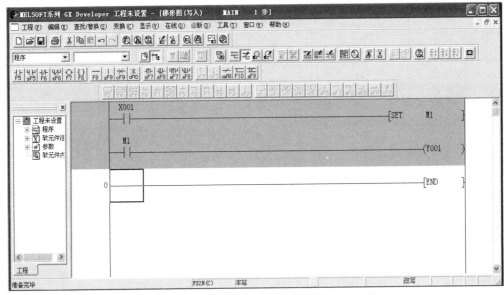

图 2-34 "LD M1"和"OUT Y1"指令输入完毕界面

（4）在图 2-34 的蓝线光标框处直接输入"OR Y1"或单击相应的工具按钮 并输入指令，单击"确定"按钮后程序窗口中显示已输入完毕的梯形图，如图 2-35 所示。至此，完成了程序的创建。

（5）编辑操作。梯形图输入完毕后，可通过执行"编辑"菜单栏中的指令，对输入的程序进行修改和检查，如图 2-36 所示。

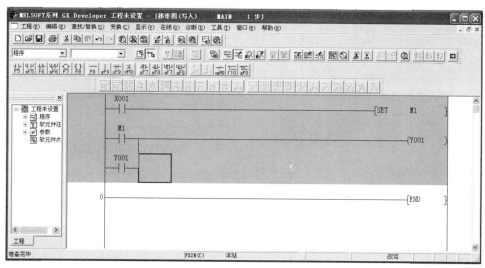

图 2-35　梯形图输入完毕界面

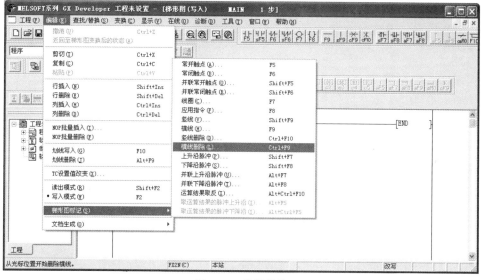

图 2-36　编辑操作

（6）梯形图的转换及保存操作。编辑好的程序先通过执行"变换"菜单→"变换"操作或按快捷键 F4 变换后，才能保存，如图 2-37 所示。在变换过程中显示梯形图变换信息，如果在不完成变换的情况下关闭梯形图窗口，新创建的梯形图将不被保存。如图 2-38所示是本示例程序变换后的界面。

图 2-37　变换操作

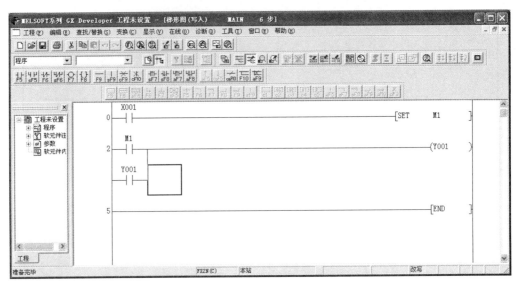

图 2-38　变换后的梯形图界面

四、程序检查、下载和上载程序

1. 程序的检查

执行"诊断"菜单→"PLC 诊断"命令，进行程序检查，如图 2-39 所示。

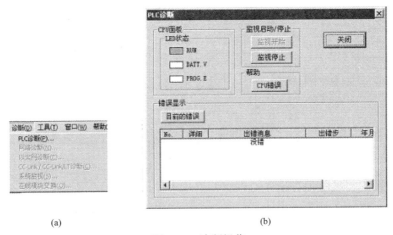

(a)　　　　　　　　　　　　　　(b)

图 2-39　诊断操作

（a）"诊断"菜单；（b）"PLC 诊断"对话框

2. 程序的写入

PLC 在 STOP 模式下，执行"在线"菜单→"PLC 写入"命令，弹出 PLC 写入对话框，如图 2-40 所示，单击"参数+程序"按钮，再单击"执行"按钮，完成将程序写入

PLC 的操作。

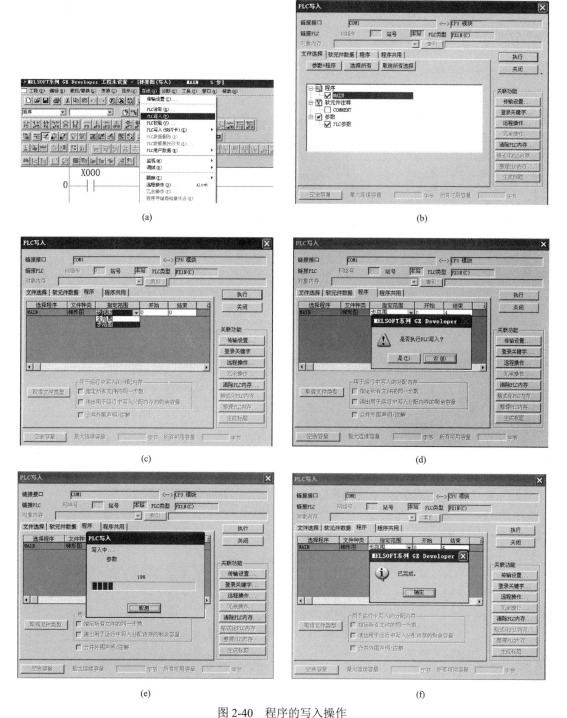

图 2-40　程序的写入操作

（a）步骤一；（b）步骤二；（c）步骤三；（d）步骤四；（e）步骤五；（f）步骤六

3. 程序的上载（读取）

PLC 在 STOP 模式下，执行"在线"菜单→"PLC 读取"命令，将 PLC 的程序上载到计算机中，如图 2-41 所示。

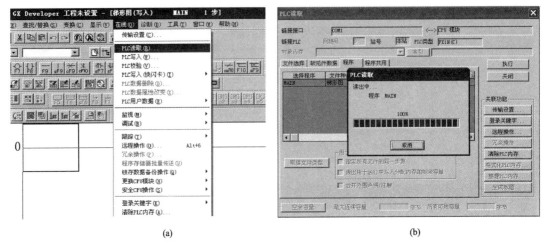

(a)   (b)

图 2-41　程序的上载

（a）"在线"菜单；（b）PLC 读取

五、程序的运行及监控

1. 程序的运行

执行"在线"菜单→"远程操作"命令，将 PLC 设为 RUN 模式，运行程序，如图 2-42 所示。

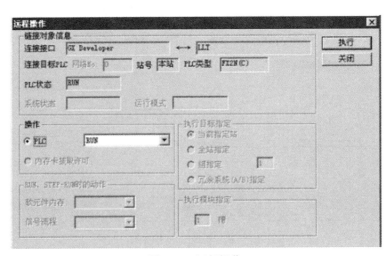

图 2-42　运行操作

2. 程序的监控

执行程序运行后，再执行"在线"菜单→"监视"命令，可对 PLC 的运行过程进行监控。结合控制程序，操作有关输入信号，观察输出状态，如图 2-43 所示。

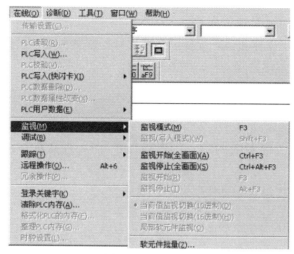

图 2-43　监控操作

3. 程序的调试

程序运行过程中出现的错误一般有两种：

（1）一般错误：运行的结果与设计的要求不一致，需要修改程序。先执行"在线"→"远程操作"命令，将 PLC 设为 STOP 模式，再执行"编辑"→"写入模式"命令，然后从程序读取开始执行（输入正确的程序），直到程序正确。

（2）致命错误：PLC 停止运行，PLC 上的 ERROR 指示灯亮，需要修改程序。先执行"在线"→"清除 PLC 内存"命令，如图 2-44 所示；将 PLC 内的错误程序全部清除后，再从程序读取开始执行（输入正确的程序），直到程序正确。

图 2-44　清除 PLC 内存操作

第四节　三菱仿真软件 GX-Simulator 的使用

仿真软件的功能就是将编写好的程序在计算机中虚拟运行，如果程序没有编好，是无法进行仿真的。首先，在安装仿真软件 GX-Simulator 之前，必须先安装编程软件 GX-Developer。安装好编程软件和仿真软件后，仿真软件就被集成到编程软件 GX-Developer 中了，在桌面或开始菜单中并没有仿真软件的图标。

一、启动仿真

（1）启动编程软件 GX-Developer，创建一个新工程。编制如图 2-45 所示梯形图。

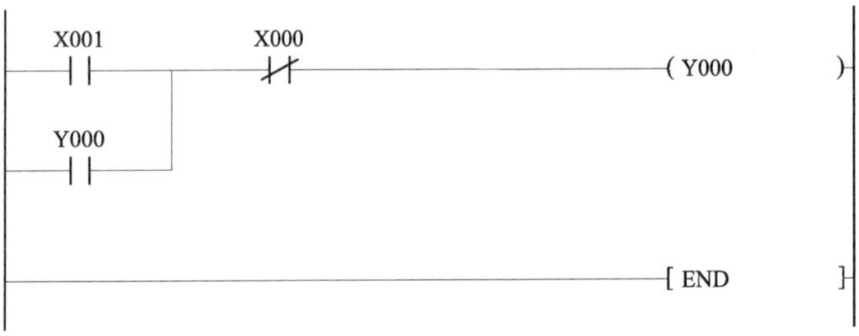

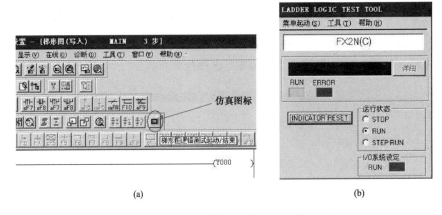

图 2-45　梯形图

（2）单击如图 2-46 所示快捷工具栏中的仿真按钮，即可进入如图 2-47 所示的梯形图逻辑测试的仿真启动界面。

(a)　　　　　　　(b)

图 2-46　梯形图逻辑测试的仿真启动操作界面

（a）仿真按钮；（b）仿真启动界面

（3）启动仿真后，程序开始模拟 PLC 写入过程。

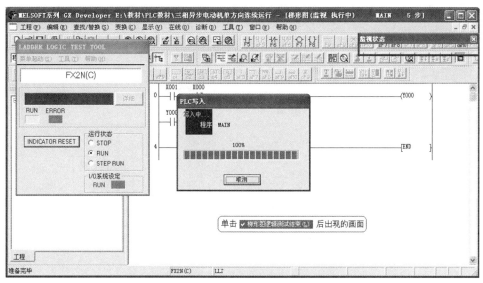

图 2-47 梯形图逻辑测试仿真启动界面

二、软元件的操作与监控

（1）当仿真软件启动结束后，会出现如图 2-48 所示的界面，然后根据图中的提示进行仿真操作。

图 2-48 梯形图逻辑测试软元件测试启动界面

（2）单击如图 2-48 所示界面中的"软元件测试（D)"选项，会弹出如图 2-49 所示的"软元件测试"对话框。然后按照图中的提示将对话框下拉，以便在仿真测试过程中能观察到梯形图仿真时的触点和线圈通断电情况。

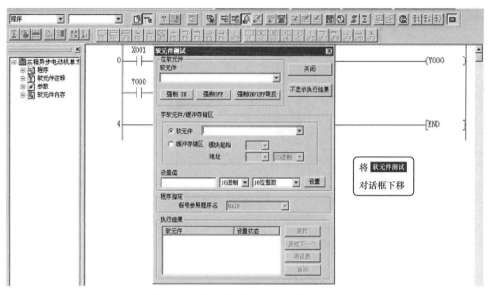

图 2-49　软元件测试对话框所在界面

（3）按照如图 2-50 所示的梯形图逻辑测试的操作界面进行仿真操作，并观察显示器里梯形图中的软元件的通断电情况是否与任务控制要求相符。

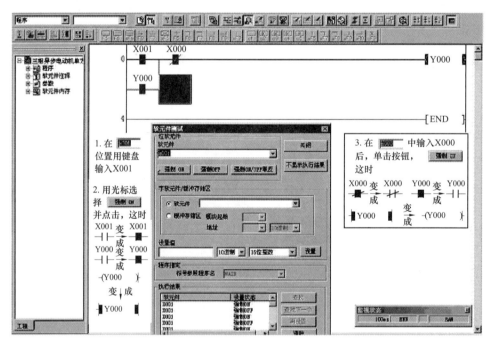

图 2-50　梯形图逻辑测试仿真操作界面

（4）梯形图逻辑测试仿真操作完毕，需要结束模拟仿真运行时，可按照如图 2-51 所示操作提示结束测试。

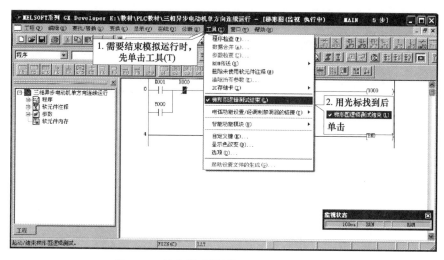

图 2-51　结束梯形图逻辑测试仿真操作界面

三、元件的状态和时序图监控

1. 位元件监控

单击 LADDER LOGIC TEST TOOL 界面中的"菜单起动（s）"选项，再单击"继电器内存监视（D）"选项，弹出如图 2-52 所示的窗口，执行"软元件（D）"—"位元件窗口（B）"—"Y"命令，如图 2-53 所示，即可监视到所有输出 Y 的状态，置 ON 为黄色，处于 OFF 状态的不变色。用同样的方法，可以监视到 PLC 内所有元件的状态，对于位元件，双击可以强制置 ON，再双击可以强制置 OFF，对于数据寄存器，可以直接置数。对于 T、C，也可以修改当前值，因此调试程序非常方便。

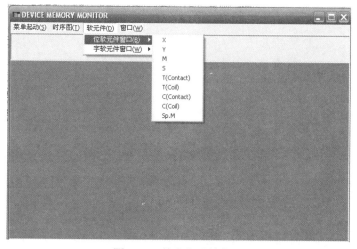

图 2-52　单击位元件窗口

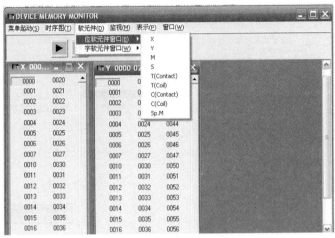

图 2-53　位元件监控或强制窗口

2. 时序图监控

在图 2-52 中执行"时序图（T）"—"启动（R）"命令，则出现时序图监控，如图 2-54 所示。在图 2-54 中可以看到程序中各元件的变化时序图。

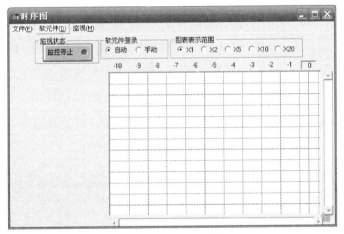

图 2-54　时序图监控

四、PLC 停止运行

（1）单击状态栏的"LADDER LOGIC TEST TOOL"按钮，弹出如图 2-46 所示对话框，在图 2-46 中选择"STOP"单选按钮，PLC 就停止运行，再选择"RUN"单选按钮，PLC 又运行。

（2）退出 PLC 仿真运行。在对程序仿真测试完毕后，通常需要对程序进行修改，这时要退出 PLC 仿真运行，重新对程序进行编辑修改。退出方法如下：

　　单击"仿真"按钮，出现退出梯形图逻辑测试窗口，如图 2-55 所示，单击"确定"按钮即可退出仿真运行。但此时的光标还是蓝块，程序处于监控状态，不能对程序进行编辑，所以需要单击"仿真"按钮，光标变成方框，即可对程序进行编辑。

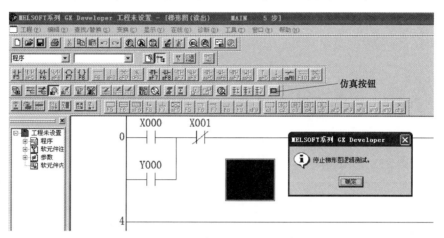

图 2-55　退出梯形图逻辑测试窗口

第三章 基本指令及应用

PLC 的指令有基本指令和功能指令之分，本书以三菱 FX2N 系列 PLC 为例来学习。FX2N 系列 PLC 共有基本指令 20 条，见表 3-1。

表 3-1

三菱 FX 系列 PLC 基本指令

助记符	指令名称	功能	助记符	指令名称	功能
取指令与输出指令			块操作指令		
LD	取指令	运算开始，动合触点	ANB	块与指令	电路块串联连接
LDI	取反指令	运算开始，动断触点	ORB	块或指令	电路块并联连接
LDP	取上升沿	上升沿检出运算开始	置位与复位指令		
LDF	取下降沿	下降沿检出运算开始	SET	置位指令	线圈动作并保持
OUT	输出指令	对线圈进行驱动	RST	复位指令	解除线圈动作
触点串联指令			微分指令		
AND	与指令	串联连接动合触点	PLS	上升沿微分	上升沿输出脉冲
ANI	与非指令	串联连接动断触点	PLF	下降沿微分	下降沿输出脉冲
ANDP	上升沿与	上升沿检出串联连接	主控指令		
ANDF	下降沿与	下降沿检出串联连接	MC	主控指令	产生临时左母线
触点并联指令			MCR	主控复位	取消临时左母线
OR	或指令	并联连接动合触点	堆栈指令		
ORI	或非指令	并联连接动断触点	MPS	进栈指令	运算存储
ORP	上升沿或	上升沿检出并联连接	MRD	读栈指令	存储读出
ORF	下降沿或	下降沿检出并联连接	MPP	出栈指令	存储读出和复位
INV	取反指令	运算结果取反	NOP	空操作指令	无动作
END	结束指令	程序结束			

第一节 基本逻辑指令

一、基本的连接与驱动指令

1. LD、LDI

LD 称为"取"指令，用于单个动合触点与左母线的连接。LDI 称为"取反"指令，用于单个动断触点与左母线的连接。

2. OUT

OUT 称为"驱动"指令，是用于对线圈进行驱动的指令。"取"指令与"驱动"指令的使用如图 3-1 所示。

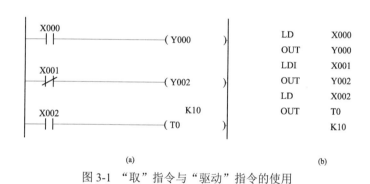

图 3-1 "取"指令与"驱动"指令的使用

（a）梯形图；（b）指令语句表

指令使用说明：

（1）LD 和 LDI 指令可以用于软元件 X、Y、M、T、C 和 S。

（2）LD 和 LDI 指令还可以与 ANB、ORB 指令配合，用于分支电路的起点处。

（3）OUT 指令可以用于 Y、M、T、C 和 S，但是不能用于输入继电器 X。

（4）对于定时器和计数器，在 OUT 指令之后应设置常数 K 或数据寄存器 D。

3. AND、ANI

AND 称为"与"指令，用于单个动合触点的串联连接，完成逻辑"与"的运算。ANI 称为"与非"指令，用于单个动断触点的串联连接，完成逻辑"与非"的运算。

触点串联指令的使用如图 3-2 所示。

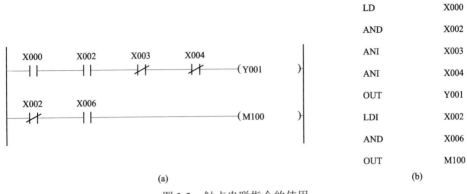

图 3-2　触点串联指令的使用

（a）梯形图；（b）指令语句表

指令使用说明：

（1）AND、ANI 的目标元件可以是 X、Y、M、T、C 和 S。

（2）触点串联使用次数不受限制。

4. OR、ORI

OR 称为"或"指令，用于单个动合触点的并联，实现逻辑"或"运算。ORI 称为"或非"指令，用于单个动断触点的并联，实现逻辑"或非"运算。

触点并联指令的使用如图 3-3 所示。

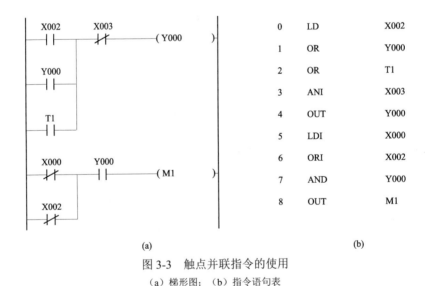

图 3-3　触点并联指令的使用

（a）梯形图；（b）指令语句表

指令使用说明：

（1）OR、ORI 指令都是指单个触点的并联。

（2）触点并联指令连续使用的次数不受限制。

（3）OR、ORI 指令的目标元件可以为 X、Y、M、T、C、S。

5. ANB、ORB

ORB 称为"块或"指令，用于两个或两个以上触点串联而成的电路块的并联。ANB 称为"块与"指令，用于两个或两个以上触点并联而成的电路块的串联。

ORB 指令的使用如图 3-4 所示。

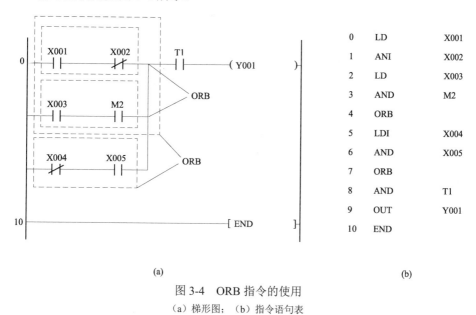

0	LD	X001
1	ANI	X002
2	LD	X003
3	AND	M2
4	ORB	
5	LDI	X004
6	AND	X005
7	ORB	
8	AND	T1
9	OUT	Y001
10	END	

(a)   (b)

图 3-4   ORB 指令的使用

（a）梯形图；（b）指令语句表

ANB 指令的使用如图 3-5 所示。

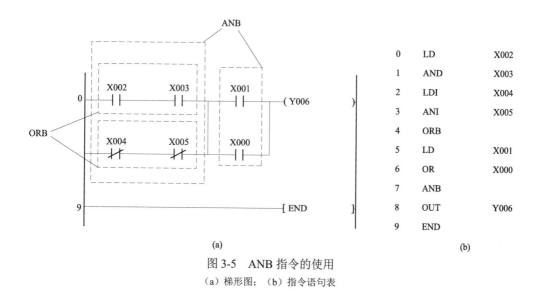

0	LD	X002
1	AND	X003
2	LDI	X004
3	ANI	X005
4	ORB	
5	LD	X001
6	OR	X000
7	ANB	
8	OUT	Y006
9	END	

(a)   (b)

图 3-5   ANB 指令的使用

（a）梯形图；（b）指令语句表

ORB 指令的使用说明：

（1）电路块并联连接时，对于电路块的开始应该用 LD 或 LDI 指令。

（2）如有多个电路块并联连接，则要对每个电路块使用 ORB 指令。连续使用次数不超过 8 次。

ANB 指令的使用说明：

（1）电路块串联连接时，对于电路块的开始应该用 LD 或 LDI 指令。

（2）如有多个电路块按顺序串联连接，则要对每个电路块使用 ANB 指令。ANB 指令与 ORB 指令一样，连续使用次数不超过 8 次。

二、置位与复位指令（SET、RST）

SET 是置位指令，其作用是使被操作的目标元件置位并保持。RST 是复位指令，其作用是使被操作的目标元件复位并保持清零状态。

SET、RST 的使用如图 3-6 所示。

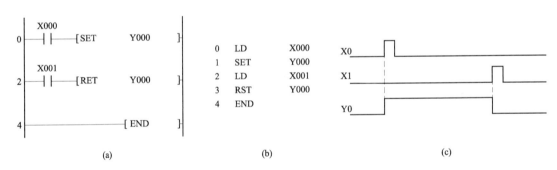

图 3-6　置位与复位指令的使用
（a）梯形图；（b）指令语句表；（c）时序图

如图 3-6（c）所示为时序图。时序图可以直观地表达出梯形图的控制功能。在画时序图时，我们一般规定只画各元件动合触点的状态，如果动合触点是闭合状态，用高电平"1"表示；如果动合触点是断开状态，则用低电平"0"表示。假如梯形图中只有某元件的线圈和动断触点，则在时序图中仍然只画出其动合触点的状态。

指令使用说明：

（1）SET 指令的目标元件可以是 Y、M、S。

（2）RST 指令的目标元件为 Y、M、S、T、C、D、V、Z。RST 指令常被用来对 D、Z、V 的内容清零，还用来复位积算定时器和计数器。

（3）对于同一目标元件，SET、RST 可多次使用，顺序也可随意，但最后执行者有效。

三、脉冲微分指令（PLS、PLF）

微分指令可以将脉宽较宽的输入信号变成脉宽等于 PLC 一个扫描周期的触发脉冲信号，相当于对输入信号进行微分处理，如图 3-7 所示。

PLS 称为上升沿微分指令，其作用是在输入信号的上升沿产生一个扫描周期的脉冲输出。PLF 称为下降沿微分指令，其作用是在输入信号的下降沿产生一个扫描周期的脉冲输出。

脉冲微分指令的应用格式如图 3-7 所示。

图 3-7　脉冲微分指令的应用格式

脉冲微分指令的使用如图 3-8 所示，利用微分指令检测到信号的边沿，M0 或 M1 仅接通一个扫描周期，通过置位和复位指令控制 Y0 的状态。

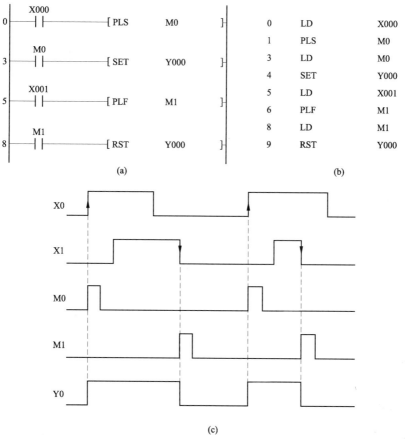

图 3-8　脉冲微分指令的使用

（a）梯形图；（b）指令语句表；（c）时序图

指令使用说明：

（1）PLS、PLF 指令的目标元件为 Y 和 M。

（2）使用 PLS 指令时，是利用输入信号的上升沿来驱动目标元件，使其接通一个扫描周期；使用 PLF 指令时，是利用输入信号的下降沿来驱动目标元件，使其接通一个扫描周期。

四、主控指令（MC/MCR）

1. 指令说明

（1）MC（主控指令）：用于公共串联触点的连接。执行 MC 后，左母线移到 MC 触点的后面。

（2）MCR（主控复位指令）：是 MC 指令的复位指令，即利用 MCR 指令恢复原左母线的位置。

2. 应用举例

主控指令的使用如图 3-9 所示。利用 MC N0 M100 实现左母线右移，其中 N0 表示嵌套等级，利用 MCR N0 恢复到原左母线状态。如果 X0 断开，则会跳过 MC、MCR 之间的指令向下执行。

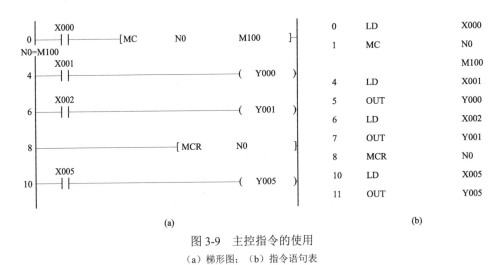

图 3-9 主控指令的使用

（a）梯形图；（b）指令语句表

3. 应用说明

（1）MC、MCR 指令的目标元件为 Y 和 M，但不能用特殊辅助继电器。MC 占 3 个程序步，MCR 占两个程序步。

（2）主控触点在梯形图中与一般触点垂直（如图 3-9 中的 M100）。主控触点是与左母线相连的动合触点，是控制一组电路的总开关。与主控触点相连的触点必须用 LD 或 LDI 指令。

（3）当 MC 指令的输入触点断开时，在 MC 和 MCR 之内的积算定时器、计数器、用复位/置位指令驱动的元件保持其之前的状态不变，非积算定时器、计数器、用 OUT 指令驱动的元件将复位，图 3-9 中当 X0 断开，Y0 和 Y1 即变为 OFF。

（4）在一个 MC 指令区内若再使用 MC 指令，称为嵌套。嵌套级数最多为 8 级，编号按 N0→N1→N2→N3→N4→N5→N6→N7 顺序增大，每级的返回用对应的 MCR 指令，从编号大的嵌套级开始复位。

五、堆栈指令（MPS/MRD/MPP）

堆栈指令用于多重输出电路。在 FX 系列 PLC 中有 11 个存储单元，它们专门用来存储程序运算的中间结果，被称为栈存储器。

1. 指令介绍

（1）MPS（进栈指令）：将运算结果送入栈存储器的第一单元，同时将先前送入的数据依次移到栈的下一单元。

（2）MRD（读栈指令）：将栈存储器的第一单元数据（最后进栈的数据）读出且该数据继续保存在栈存储器的第一单元，栈内的数据不发生移动。

（3）MPP（出栈指令）：将栈存储器的第一单元数据（最后进栈的数据）读出且该数据从栈中消失，同时将栈中其他数据依次上移。

2. 应用举例

堆栈指令的使用如图 3-10 所示。其中，图 3-10（a）为一层栈，图 3-10（b）为二层栈。

3. 应用说明

（1）堆栈指令没有目标元件。

（2）MPS 和 MPP 必须配对使用。

（3）由于栈存储单元只有 11 个，所以栈的层次最多为 11 层。

六、结束指令、空操作指令与取反指令

（1）END 为结束指令，将强制结束当前的扫描执行过程，若不写 END 指令，将从用户程序存储器的第一步执行到最后一步；将 END 指令放在程序结束处，只执行第一步至 END 之间的程序，所以使用 END 指令可以缩短扫描周期。

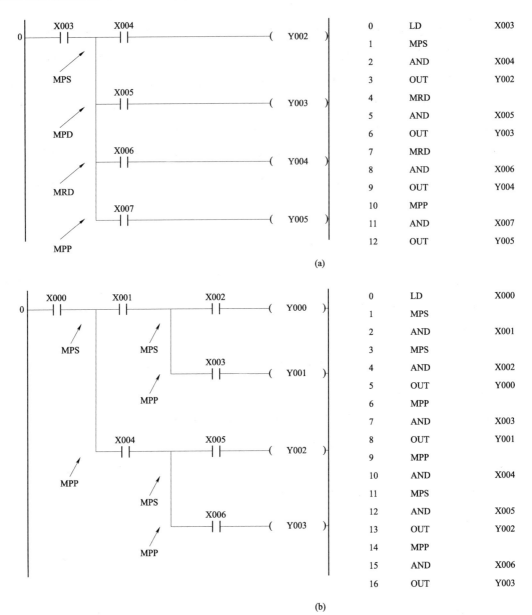

图 3-10　堆栈指令的使用

（a）一层栈；（b）二层栈

另外，在调试程序过程中，可以将 END 指令插在各段程序之后，这样可以大大提高调试的速度。

（2）NOP 是空操作指令，其作用是使该步序作空操作。执行完清除用户存储器的操作后，用户存储器的内容全部变为空操作指令。

（3）INV（取反指令），执行该指令后将原来的运算结果取反。

取反指令的使用如图 3-11 所示。如果 X0 断开，则 Y0 为 ON；否则 Y0 为 OFF。使用时应注意 INV 不能像指令表的 LD、LDI、LDP、LDF 那样与母线连接，也不能像指令表中的 OR、ORI、ORP、ORF 指令那样单独使用。

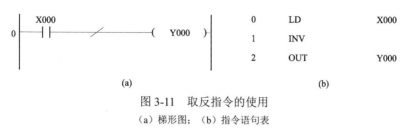

图 3-11　取反指令的使用

（a）梯形图；（b）指令语句表

入门训练　基本指令的应用

1. 启-保-停控制

图 3-12 中，X0 是启动信号，X1 是停止信号。

当 X0 为 ON 状态时，输出继电器 Y0 的线圈接通，并通过其动合触点形成自锁；当 X1 为 ON 状态时，输出继电器 Y0 的线圈断开，其动合触点断开。

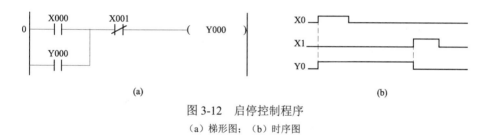

图 3-12　启停控制程序

（a）梯形图；（b）时序图

2. 置位、复位控制

启动和停止的控制也可以通过 SET、RST 指令来实现，如图 3-13 所示。

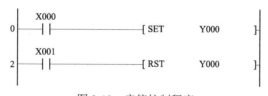

图 3-13　启停控制程序

3. 单脉冲发生器

在 PLC 的程序设计中，经常需要单个脉冲来实现计数器的复位或作为系统的启动、停止信号。可以通过脉冲微分指令 PLS 和 PLF 指令来实现，如图 3-14 所示。

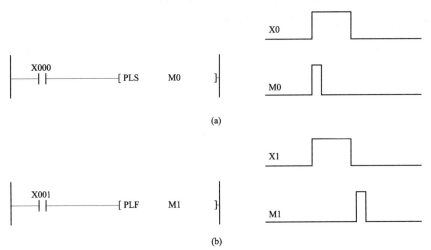

图 3-14　用脉冲微分指令产生单脉冲

（a）PLS 指令；（b）PLF 指令

在图 3-15 中，输入点 X0 每接通一次，就产生一个定时的单脉冲。无论 X0 接通时间长短如何，输出 Y0 的脉宽都等于定时器 T0 设定的时间。

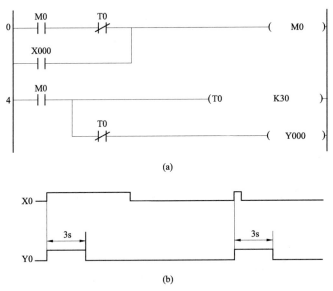

图 3-15　单脉冲发生器控制程序

（a）梯形图；（b）时序图

4. 连续脉冲发生器

在 PLC 程序设计中，经常需要一系列连续的脉冲信号作为计数器的计数脉冲或其他作用，可分为周期可调和周期不可调两种情况。

（1）周期不可调的连续脉冲发生器。

如图 3-16 所示，输入点 X0 接带自锁的按钮。利用辅助继电器 M1 产生一个脉宽为一个扫描周期、脉冲周期为两个扫描周期的连续脉冲。

其工作原理分析如下：

当 X0 动合触点闭合后，

第一个扫描周期：M1 动断触点闭合，所以 M1 线圈能得电。

第二个扫描周期：因在上一个扫描周期 M1 线圈已得电，所以 M1 的动断触点断开，使 M1 线圈失电。因此，M1 线圈得电时间为一个扫描周期。

M1 线圈不断连续地得电、失电，其动合触点也随之不断连续地闭合、断开，就产生了脉宽为一个扫描周期的连续脉冲信号输出，但是脉冲宽度和脉冲周期不可调。

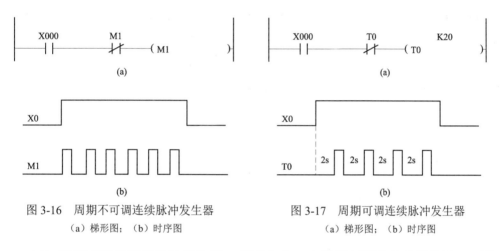

图 3-16　周期不可调连续脉冲发生器
　　　（a）梯形图；（b）时序图

图 3-17　周期可调连续脉冲发生器
　　　（a）梯形图；（b）时序图

（2）周期可调的连续脉冲发生器。若要产生一个周期可调节的连续脉冲，可使用如图 3-17 的程序。

工作原理分析：当 X0 动合触点闭合后，在第一个扫描周期，T0 动断触点闭合，T0 线圈得电。经过 2s 的延时，T0 的当前值和设定值相等，T0 的触点将要动作。所以在断开后的第一个扫描周期中，T0 动断触点断开，使 T0 线圈失电。在此后的下一个扫描周期，T0 动断触点恢复闭合，又使 T0 线圈得电，重复以上动作，就产生了脉宽为一个扫描周期、脉冲周期为 2s 的连续脉冲。我们可以通过改变 T0 的设定值来改变连续脉冲的周期。

第二节　定时器与计数器

前面我们简单认识了定时器和计数器，下面具体学习定时器和计数器的特点和应用。

一、定时器

定时器的功能类似于继电控制里的时间继电器，其工作原理可以简单地叙述为：定时器是根据对时钟脉冲（常用的时钟脉冲有 100ms、10ms、1ms 三种）的累积而定时的，当所计的时间达到所设定的数值时，其输出触点动作（动合闭合、动断断开）。设定值 K 可用常数或数据寄存器 D 的内容来进行设定。

FX2N 系列 PLC 共有 256 个定时器，可以分为非积算型和积算型两种。

1. 非积算定时器

100ms 的定时器 200 点（T0～T199），设定值为 1～32 767，所以其定时范围为 0.1～3276.7s。

10ms 的定时器共 46 点（T200～T245，设定值为 1～32 767，定时范围为 0.01～327.67s，非积算定时器的动作过程如图 3-18 所示。

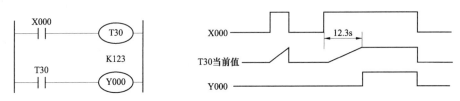

图 3-18　非积算定时器的动作过程示意图

在图 3-18 中我们可以看到，当发生断电或输入 X0 断开时，定时器 T30 的线圈和触点均发生复位，再上电之后重新开始计数，所以称其为非积算定时器。

2. 积算定时器

积算定时器具备断电保持功能，在定时过程中如果断电或定时器的线圈断开，积算定时器将保持当前的计数值；再上电或定时器线圈接通后，定时器将继续累积；只有将定时器强制复位后，当前值才能变为 0。

其中，1ms 的积算定时器共 4 点（T246～T249），对 1ms 的脉冲进行累积计数，定时范围为 0.001～32.767s。

100ms 的定时器共 6 点（T250～T255，设定值为 1～32 767，定时范围为 0.1～3276.7s。

积算定时器的动作过程如图 3-19 所示。

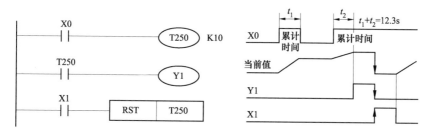

图 3-19 积算定时器的动作过程示意图

二、计数器

计数器可以对 PLC 的内部元件，如 X、Y、M、T、C 等进行计数。工作原理：当计数器的当前值与设定值相等时，计数器的触点将要动作。

FX2N 系列计数器主要分为内部计数器和高速计数器两大类。

内部计数器又可分为 16 位增计数器和 32 位双向（增减）计数器。计数器的设定值范围：1～32 767（16 位）和–214 783 648～+214 783 647（32 位）。

1. 16 位增计数器

16 位增计数器包括 C0～C199 共 200 点，其中 C0～C99 共 100 点为通用型；C100～C199 共 100 个点为断电保持型（断电后能保持当前值，待通电后继续计数）。16 位增计数器其设定值在 K1～K32767 范围内有效，设定值 K0 与 K1 意义相同，均在第一次计数时，其触点动作。16 位增计数器的动作示意图如图 3-20 所示。

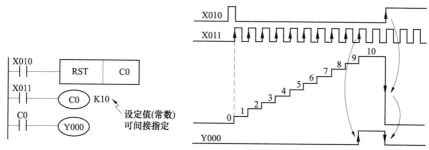

图 3-20 16 位增计数器的动作示意图

在图 3-20 中，X10 为计数器 C0 的复位信号，X11 为计数器的计数信号。当 X11 来第 10 个脉冲时，计数器 C0 的当前值与设定值相等，所以 C0 的动合触点动作，Y0 得电。如果 X10 为 ON，则执行 RST 指令，计数器被复位，C0 的输出触点被复位，Y0 失电。

2. 32 位双向计数器

32 位双向计数器包括 C200～C234 共 35 点，其中 C200～C219 共 20 点为通用型；C220～C234 共 15 点为断电保持型，由于它们可以实现双向增减的计数，所以其设定范围为 −214 783 648～+214 783 647（32 位）。

C200～C234 是增计数还是减计数，可以分别由特殊的辅助继电器 M8200～M8234 设定。当对应的特殊的辅助继电器为 ON 状态时，为减计数；否则为增计数，其使用方法如图 3-21 所示。

X12 控制 M8200：当 X12=OFF 时，M8200=OFF，计数器 C200 为加计数；当 X12=ON 时，M8200=ON，计数器 C200 为减计数。X13 为复位计数器的复位信号，X14 为计数输入信号。

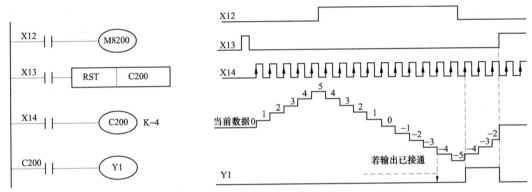

图 3-21　双向计数器的动作示意图

如图 3-21 中，利用计数器输入 X14 驱动 C200 线圈时，可实现增计数或减计数。在计数器的当前值 −5 增加到 −4 时，则输出点 Y1 接通；若输出点已经接通，则输出点断开。

3. 高速计数器

高速计数器采用中断方式进行计数，与 PLC 的扫描周期无关。与内部计数器相比除允许输入频率高之外，应用也更为灵活，高速计数器均有断电保持功能，通过参数设定也可变成非断电保持。

元件使用说明：

（1）计数器需要通过 RST 指令进行复位。

（2）计数器的设定值可用常数 K，也可用数据寄存器 D 中的参数。

（3）双向计数器在间接设定参数值时，要用编号紧连在一起的两个数据寄存器。

（4）高速计数器采用中断方式对特定的输入进行计数，与 PLC 的扫描周期无关。

入门训练　定时器与计数器的应用

FX 系列 PLC 的定时器为通电延时定时器，其工作原理是：定时器线圈通电后，开始延时，待定时时间到，触点动作；在定时器的线圈断电时，定时器的触点瞬间复位。

但是在实际应用中，我们常遇到如断电延时、限时控制、长延时等控制要求，其实这些都可以通过程序设计来实现。

1. 通电延时控制

延时接通控制程序如图 3-22 所示，它所实现的控制功能是：X1 接通 5s 后，Y0 才有输出。

工作原理分析如下：

当 X1 为 ON 状态时，辅助继电器 M0 的线圈接通，其动合触点闭合自锁，可以使定时器 T0 的线圈一直保持得电状态。

T0 的线圈接通 5s 后，T0 的当前值与设定值相等，T0 的动合触点闭合，输出继电器 Y0 的线圈接通。

当 X2 为 ON 状态时，辅助继电器 M0 的线圈断开，定时器 T0 被复位，T0 的动合触点断开，使输出继电器 Y0 的线圈断开。

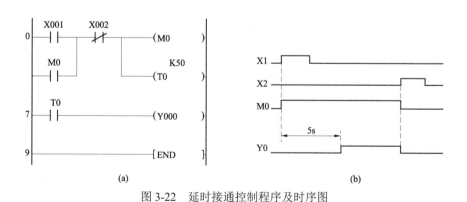

(a)　　　　　　　　　　　　　　(b)

图 3-22　延时接通控制程序及时序图

（a）梯形图；（b）时序图

2. 断电延时控制

延时断开控制梯形图如图 3-23 所示，它所实现的功能是输入信号断开 10s 后，输出才停止工作。

工作原理分析如下：

当 X0 为 ON 状态时，辅助继电器 M0 的线圈接通，其动合触点闭合，输出继电器 Y3 的线圈接通。但是定时器 T0 的线圈不会得电（因为其前面 $\overset{X000}{-|\!\!\!/\!\!|-}$ 是断开状态）。

当 X0 由 ON 变为 OFF 状态时，$\overset{M0}{-|\,|-}$、$\overset{T0}{-|\!\!\!/\!\!|-}$ 和 $\overset{X000}{-|\!\!\!/\!\!|-}$ 都处于接通状态，定时器 T0 开始计时。10s 后，T0 的动断触点打开，M0 的线圈失电，输出继电器 Y0 断开。

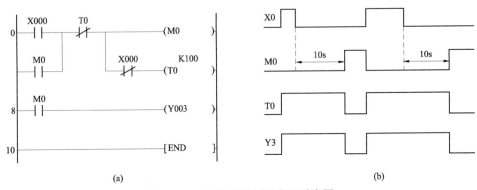

(a)

(b)

图 3-23 延时断开控制程序及时序图

（a）梯形图；（b）时序图

3. 限时控制

在实际工程中，常遇到将负载的工作时间限制在规定时间内的控制，我们可以通过如图 3-24 所示的程序来实现，它所实现的功能是控制负载的最大工作时间为 10s。

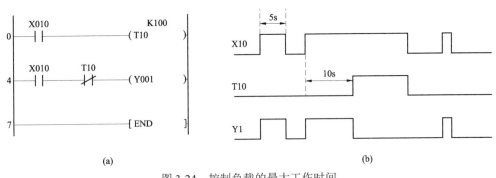

(a)

(b)

图 3-24 控制负载的最大工作时间

（a）梯形图；（b）时序图

如图 3-25 所示的程序可以实现控制负载的最少工作时间，本程序实现的功能是输出信号 Y2 的最小工作时间为 10s。

4. 长时间延时控制程序

在 PLC 中，定时器的定时时间是有限的，最大为 3276.7s，还不到 1h。要想获得较长时间的定时，可用两个或两个以上的定时器串级实现，或将定时器与计数器配合使用，也可以通过计数器与时钟脉冲配合使用来实现。

X002
0
Y002
Y002
T2
T2
K100
8
END

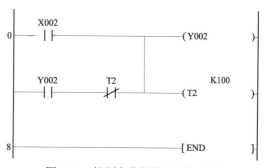

图 3-25　控制负载的最小工作时间

（1）定时器串级使用。定时器串级使用时，其总的定时时间为各个定时器设定时间之和。

图 3-26 是用两个定时器完成 1.5h 的定时。

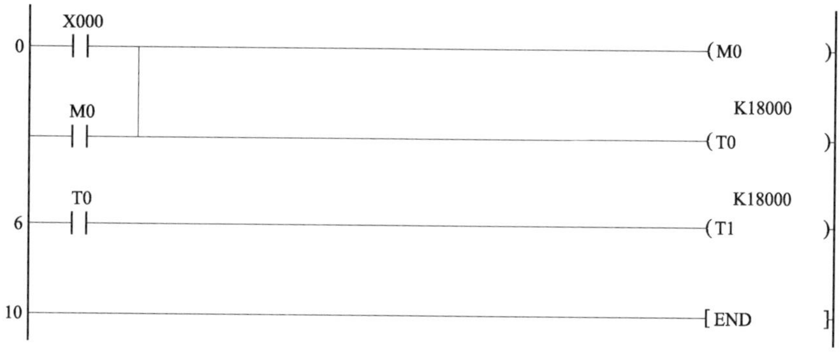

X000
0
M0
M0
K18000
T0
T0
6
K18000
T1
10
END

图 3-26　两个定时器串级使用

（2）定时器和计数器组合使用。图 3-27 是用一个定时器和一个计数器完成 1h 的定时。

当 X0 接通时，M0 得电并自锁，定时器 T0 依靠自身复位产生一个周期为 100s 的脉冲序列，作为计数器 C0 的计数脉冲。当计数器计满 36 个脉冲后，其动合触点闭合，使输出 Y0 接通。从 X0 接通到 Y0 接通，延时时间为 100×36=3600（s），即 1h。

（3）两个计数器组合使用。图 3-28 是用两个计数器完成 1h 的定时。

以 M8013（1s 的时钟脉冲）作为计数器 C0 的计数脉冲。当 X0 接通时，计数器 C0 开始计时。

计满 60 个脉冲（60s）后，其动合触点 C0 向计数器 C1 发出一个计数脉冲，同时使计数器 C0 复位。

计数器 C1 对 C0 脉冲进行计数，当计满 60 个脉冲后，C1 的动合触点闭合，使输出 Y0 接通。从 X0 接通到 Y0 接通，定时时间为 60×60=3600（s），即 1h。

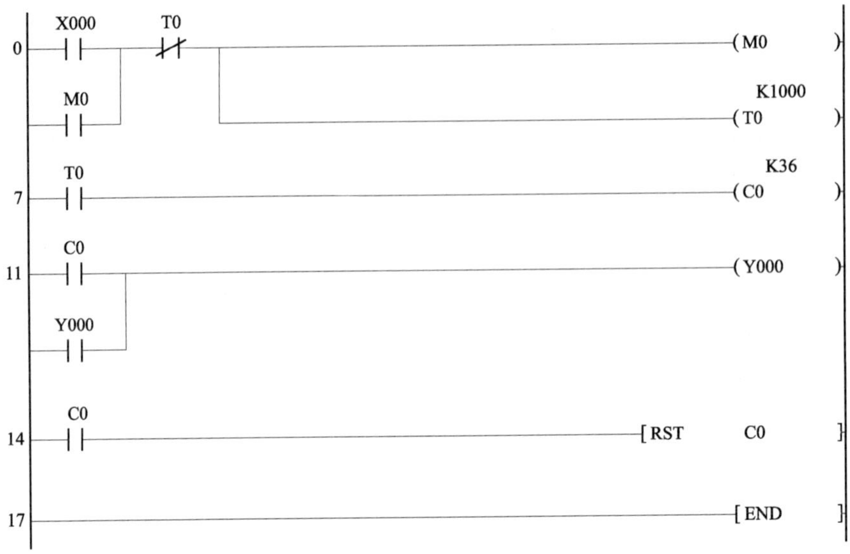

图 3-27　定时器和计数器组合使用

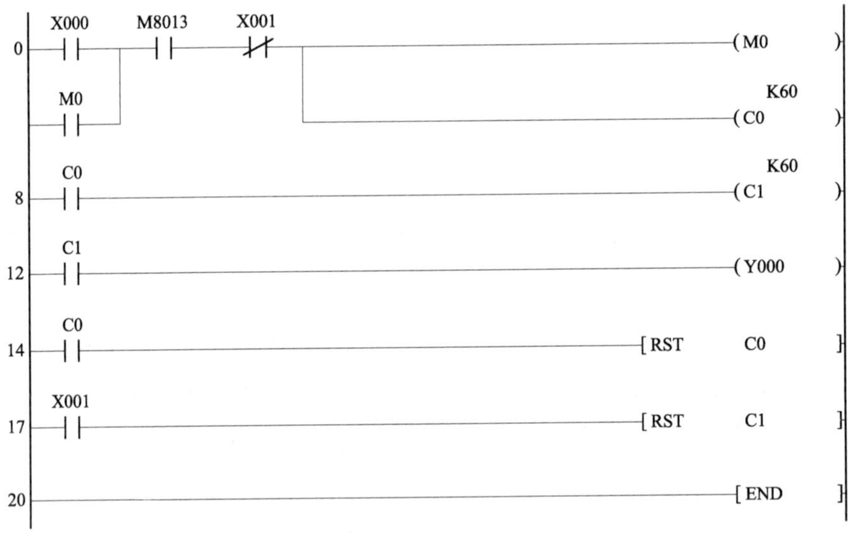

图 3-28　两个计数器组合使用

5. 开机累计时间控制程序

PLC 运行累计时间控制电路可以通过 M8000、M8013 和计数器等组合使用，编制秒、分、时、天、年的显示电路。在这里，需要使用断电保持型的计数器（C100～C199），这样才能保证每次开机的累计时间能计时，如图 3-29 所示。

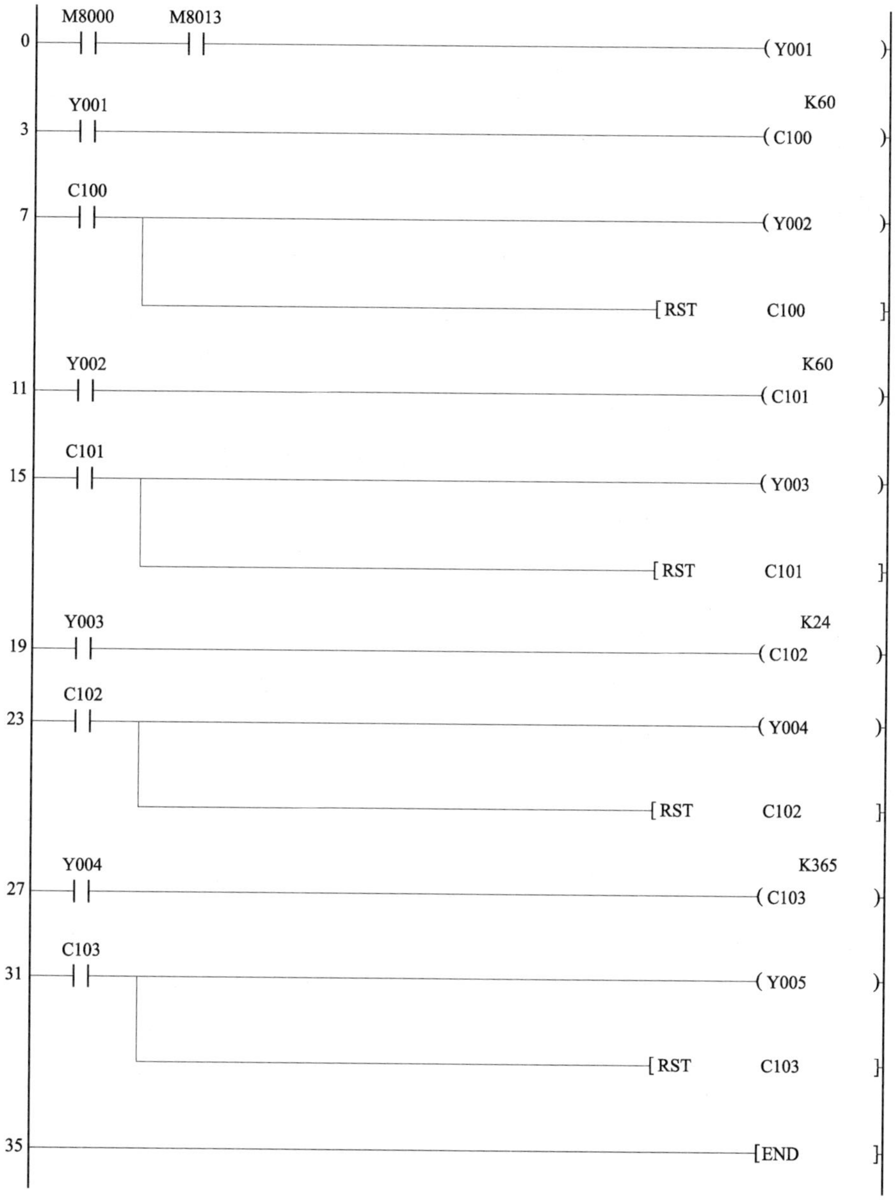

图 3-29　开机累计时间控制程序

第三节　梯形图的编程原则与编程方法

一、梯形图的编程原则

梯形图是 PLC 最常用的编程语言，在前面已经认识了一些梯形图，它们在形式上类似于继电控制电路，但两者在本质上又有很大的区别。

1. 关于左、右母线

梯形图的每一个逻辑行必须从左母线开始，终止于右母线。但是它与继电控制的不同是：梯形图只是 PLC 形象化的一种编程语言，左、右母线之间不接任何电源，所以我们只能认为每个逻辑行有假想的电流从左向右流动，并没有实际的电流流过。

画梯形图时必须遵循以下两点：

（1）左母线只能连接各软元件的触点，软元件的线圈不能直接接左母线。

（2）右母线只能直接接各类继电器的线圈（输入继电器 X 除外），软元件的触点不能直接接右母线。

2. 关于继电器的线圈和触点

（1）梯形图中所有软元件的编号，必须是在 PLC 软元件表所列的范围之内，不能任意使用。同一线圈的编号在梯形图中只能出现一次，而同一触点的编号在梯形图中可以重复出现。

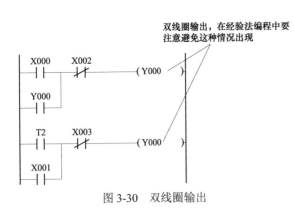

图 3-30　双线圈输出

同一编号的线圈在程序中使用两次或两次以上，称为双线圈输出，如图 3-30 所示。双线圈输出的情况只有在今后将要讲到的步进指令编程中才允许使用。一般程序中如果出现双线圈输出，容易引起误操作，编程时要注意避免这种情况发生。解决双线圈的方法常用的有两种，一是双线圈优化合并法；二是借助于辅助继电器法，如图 3-31 是双线圈问题的处理方法。

（2）在梯形图中，只能出现输入继电器的触点，不能出现输入继电器的线圈。因为在梯形图里出现的线圈一定是要由程序驱动的，而输入继电器的线圈只能由对应的外部输入信号来驱动。

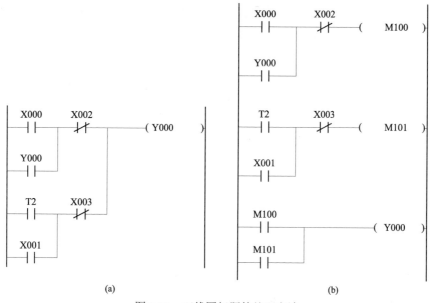

图 3-31　双线圈问题的处理方法

（a）优化合并法；（b）借助于辅助继电器法

（3）梯形图中，不允许出现 PLC 所驱动的负载，只能出现相应的输出继电器的线圈。因为当输出继电器的线圈得电时，就表示相应的输出点有信号输出，相应的负载就会被驱动。

（4）梯形图中所有的触点应按从上到下，从左到右的顺序排列，触点只能画在水平方向上（主控触点除外）。

3. 关于合理设计梯形图

（1）在每个逻辑行中，要注意"上重下轻""左重右轻"。即串联触点多的电路块应安排在最上面，这样可以省去一条 ORB "块或"指令，这时电路块下面可并联任意多的单个触点，如图 3-32 所示；并联触点多的电路块应安排在最前面，这样可以省去一条 ANB "块与"指令，这时电路块下面可串联任意多的单个触点，如图 3-33 所示。

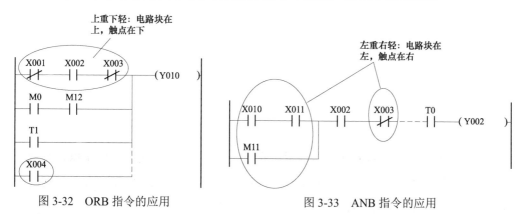

图 3-32　ORB 指令的应用

图 3-33　ANB 指令的应用

（2）如果多个逻辑行中都具有相同的控制条件，那么可将每个逻辑行中相同的部分合并在一起，共用同一个控制条件，以简化梯形图。这样可以用主控指令（MC、MCR）进行指令语句表的编写。

（3）设计梯形图时，一定要了解 PLC 的扫描工作方式。在程序处理阶段，对梯形图从上到下、从左到右的顺序逐一扫描处理，不存在几条并列支路同时动作的情况。理解了这一点，就可以设计出更加清晰简洁的梯形图。

二、PLC 的基本编程方法

PLC 的基本编程方法常用的有三种：经验设计法、顺序控制法、继电器控制线路移植法。

1. 经验设计法

经验设计法适用于比较简单的控制系统中。经验设计法没有固定的模式，一般是根据控制要求，凭借平时积累的经验，利用一些典型的基本控制程序来完成程序设计的。

如图 3-34 所示为三相异步电动机连续运行控制的梯形图，其控制过程为：按下启动按钮 SB1，动合触点 $\dashv\vdash$（X0）闭合，$\dashv\vdash$（X0）作为 Y0 的"起动"条件，能使 Y0 线圈得电；Y0 线圈得电后，动合触点 $\dashv\vdash$（Y0）闭合，实现自锁"保持"，所以能保证 Y0 线圈持续得电。若想停止运行，则按下停止按钮 SB2，输入继电器 X1 得电，动断触头 $\dashv\!\!\!/\vdash$（X1）断开，Y0 线圈失电，起到"停止"的作用。所以，$\dashv\vdash$（X0）、$\dashv\vdash$（Y0）、$\dashv\!\!\!/\vdash$（X1）分别是起动、保持和停止的条件。

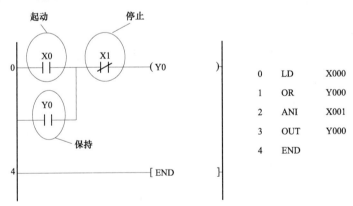

图 3-34　三相异步电动机连续运行梯形图

今后在用经验设计法编程时，最常使用的就是"起-保-停"思路，即根据控制要求，找到控制输出所需要的各个起动、保持和停止条件，再通过"与""或""非"等逻辑关系把这些条件连接起来进行输出控制即可。

2. 顺序控制设计法

对于较复杂的控制系统，一般采用顺序控制设计法。

顺序控制，就是按照生产工艺预先设定的顺序，首先画出系统的顺序功能图，如图 3-35 所示为顺序功能图。然后选择合适的编程方式，设计出梯形图程序。具体将在第四章进行介绍。

3. 继电器控制线路移植法

继电器控制系统的控制电路图和梯形图在表示方法和分析方法上有很多相似之处，因此，可以根据继电器电路图来设计梯形图，即通过继电器控制线路移植法实现 PLC 的程序设计。如图 3-36 所示为三相异步电动机双重联锁正反转控制的电路图，通过移植法可以得到 PLC 的梯形图。

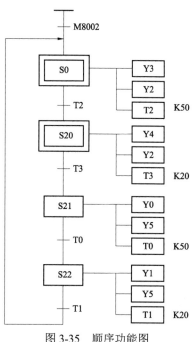

图 3-35 顺序功能图

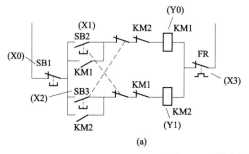

(a)

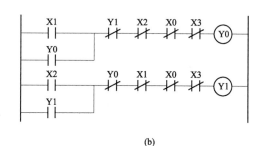

(b)

图 3-36 继电器控制线路移植法编程

（a）继电器控制线路图；（b）PLC 梯形图

第二篇

快 速 提 高

第四章　常用基本控制程序

在学习了 PLC 基本指令和梯形图的基本规则之后，就可以设计 PLC 的控制程序了。熟悉典型的基本控制程序，是设计一个较复杂的系统的控制程序的基础。下面介绍一些常用的基本控制程序。

一、启保停控制程序

不管控制系统多么简单或复杂，起动或停止控制程序是少不了的，这是最基本的常用控制程序。

如图 4-1 所示梯形图中，当 X0 为 ON 状态时（X0 为起动条件），输出继电器 Y0 的线圈接通，并通过其动合触点形成自锁（动合触点 Y0 为自锁条件）；当 X1 为 ON 状态时（X1 为停止条件），输出继电器 Y0 的线圈断开，其动合触点断开。

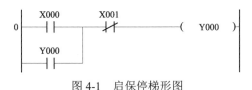

图 4-1　启保停梯形图

【提高训练】PLC 控制三相异步电动机连续运行

1. 控制要求

（1）按下起动按钮，三相异步电动机单向连续运行。

（2）按下停止按钮，三相异步电动机停止运行。

（3）具有短路保护和过载保护等必要的保护措施。

2. 操作步骤

（1）列出 I/O 分配表。根据控制要求列出 I/O 分配表，见表 4-1。

表 4-1

I/O 分配表

输　　入			输　　出		
输入点	输入元件	作用	输出点	输出元件	作用
X0	SB1	起动按钮	Y0	KM	控制电动机
X1	SB2	停止按钮			

（2）画出 PLC 控制电动机运行的电路图。PLC 控制电动机运行的电路图如图 4-2 所示。为了节省 PLC 的输入点，将过载保护的动断触点接在输出端。

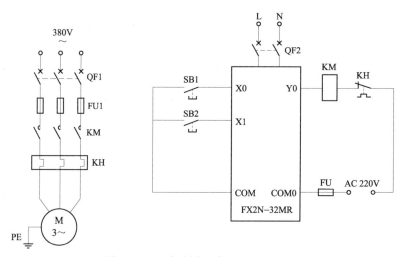

图 4-2　PLC 控制电动机运行的电路图

（3）编写梯形图。根据任务要求编写梯形图，如图 4-3 所示。

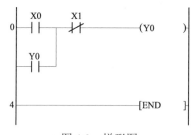

图 4-3　梯形图

（4）模拟调试。将录入的程序传送到 PLC，并进行调试，检查是否完成了控制要求，直至运行符合任务要求方为成功。

二、连锁控制程序

在实际生产中，很多情况下电动机既能正转又能反转，在电动机正转过程中，必须禁止反转起动；在电动机反转过程中，必须禁止正转起动，这时就需要进行连锁控制，如图 4-4 所示。当 Y0 接通时，通过其动断触点的断开，使得 Y1 逻辑行不能接通；当 Y1 接通时，通过其动断触点的断开，使得 Y0 逻辑行不能接通。

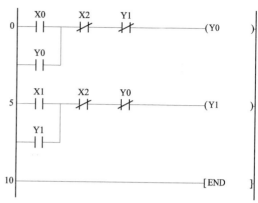

图 4-4　电动机正反转连锁控制梯形图

【提高训练】PLC 控制三相异步电动机正反转控制

1. 控制要求

（1）按下正转起动按钮，三相异步电动机正转。

（2）按下反转起动按钮，三相异步电动机反转。

（3）无论是正转还是反转，只要按下停止按钮，电动机都要停止。

2. 操作步骤

（1）列出 I/O 分配表。根据控制要求，列出 I/O 分配表，见表 4-2（过载保护不占用输入点）。

表 4-2

I/O 分配表

输　　入			输　　出		
输入点	输入元件	作用	输出点	输出元件	作用
X0	SB2	正向起动	Y0	KM1	控制 M 正转
X1	SB3	反向起动	Y1	KM2	控制 M 反转
X2	SB1	停止按钮			

（2）画出 PLC 控制电动机正反转的电路图。如图 4-5 所示是 PLC 控制电动机正反转的电路图。

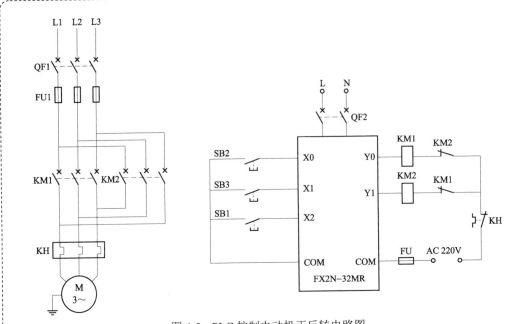

图 4-5 PLC 控制电动机正反转电路图

（3）编写梯形图。梯形图如图 4-4 所示。

（4）模拟调试。将录入的程序传送到 PLC，并进行调试，检查是否完成了控制要求，直至运行符合任务要求方为成功。

三、延时通断控制程序

1. 延时接通控制

延时接通控制程序如图 4-6 所示。当 X0 为 ON 状态时，辅助继电器 M0 的线圈接通，其动合触点闭合，一方面自锁；另一方面接通定时器 T0，延时 3s 后 T0 接通，T0 的动合触点闭合，输出继电器 Y0 的线圈接通。当 X1 为 ON 状态时，辅助继电器 M0 的线圈断开，其动合触点为 OFF 状态，定时器 T0 被复位，T0 的动合触点断开，使输出继电器 Y0 的线圈断开。

2. 延时断开控制

延时断开控制梯形图如图 4-7 所示。当 X0 为 ON 状态时，辅助继电器 M0 的线圈接通，其动断触点闭合，输出继电器 Y0 的线圈接通，同时定时器 T0 开始计时。3s 后，T0 的动断触点打开，输出继电器 Y0 断开。

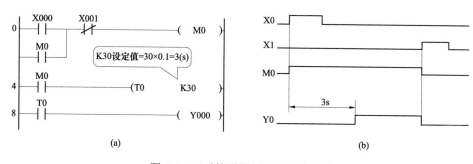

(a)

(b)

图 4-6 延时接通控制程序及时序图

（a）梯形图；（b）时序图

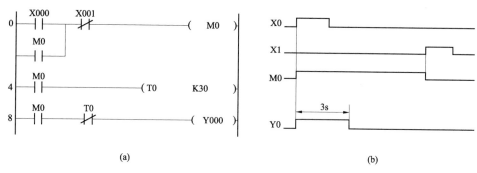

(a)

(b)

图 4-7 延时断开控制程序及时序图

（a）梯形图；（b）时序图

【提高训练】三相异步电动机丫-△起动的可逆运行控制

1. 控制要求

（1）按下正转按钮 SB1，电动机以丫-△方式正向起动，丫连接运行 3s 后转换为 △运行。按下停止按钮 SB3，电动机停止运行。

（2）按下反转按钮 SB2，电动机以丫-△方式反向起动，丫连接运行 3s 后转换为 △运行。按下停止按钮 SB3，电动机停止运行。

（3）采用过载保护不占用输入点的方式。

2. 操作步骤

（1）列出 I/O 分配表。根据控制要求进行 I/O 分配，见表 4-3。

表 4-3

I/O 分配表

输　　入			输　　出		
输入点	输入元件	作用	输出点	输出元件	作用
X0	SB1	正向起动	Y0	KM1	控制 M 正转
X1	SB2	反向起动	Y1	KM2	控制 M 反转
X2	SB3	停止按钮	Y2	KM3	Y起动
			Y3	KM4	△运行

（2）画出 PLC 控制电动机Y-△起动的可逆运行电路图。如图 4-8 所示是 PLC 控制电动机Y-△起动的可逆运行电路图。

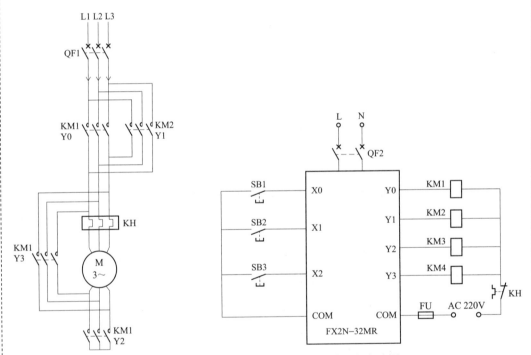

图 4-8　PLC 控制电动机Y-△起动的可逆运行电路图

（3）编写梯形图。梯形图如图 4-9 所示。

（4）模拟调试。将录入的程序传送到 PLC，并进行调试，检查是否完成了控制要求，直至运行符合任务要求方为成功。

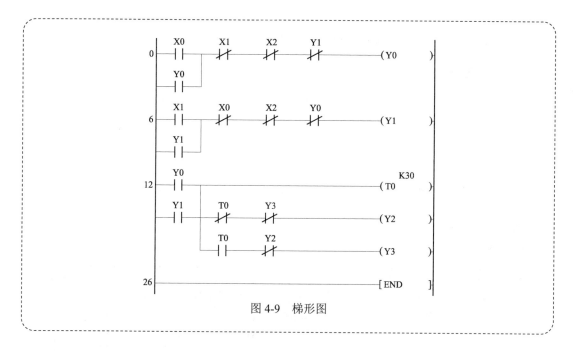

图 4-9　梯形图

四、顺序延时接通控制程序

顺序延时接通是指多个被控对象相隔一定的时间，有顺序地依次起动。实现这种控制的程序很多。例如，利用多个设定值不同的定时器并联，或利用多个设定值不同的计数器来实现。

在图 4-10 中，输入点 X0 接带自锁的按钮。当 X0 为 ON 状态时，定时器 T0、T1、T2 开始定时，当 T0 计时 4s 时，输出 Y0 接通；当 T1 计时 7s 时，输出 Y1 接通；当 T2 计时 10s 时，输出 Y2 接通。

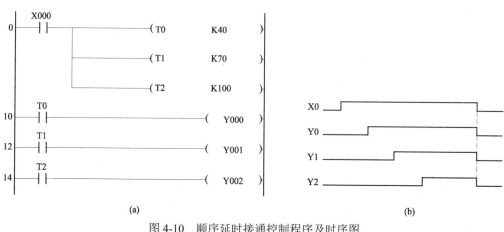

图 4-10　顺序延时接通控制程序及时序图
（a）梯形图；（b）时序图

【提高训练】PLC 控制两台电动机顺序起动

1. 控制要求

（1）按下起动按钮 SB1 后，第一台电动机起动，5s 后第二台电动机起动。

（2）按下停止按钮 SB2，两台电动机同时停止。

2. 操作步骤

（1）列出 I/O 分配表。根据控制要求进行 I/O 分配，见表 4-4。

表 4-4

I/O 分配表

输　入			输　出		
输入点	输入元件	作用	输出点	输出元件	作用
X0	SB1	起动按钮	Y0	KM1	控制 M1
X1	SB2	停止按钮	Y1	KM2	控制 M2
X2	KH1	M1 过载保护			
X3	KH2	M2 过载保护			

（2）画出 PLC 控制两台电动机顺序起动电路图。图 4-11 是 PLC 控制两台电动机顺序起动电路图。

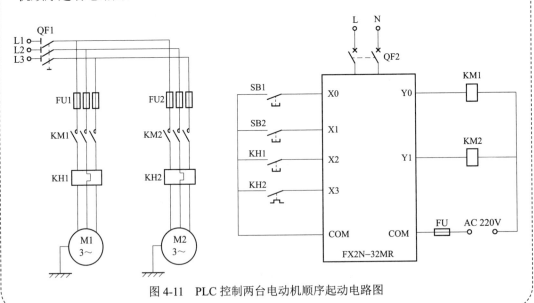

图 4-11　PLC 控制两台电动机顺序起动电路图

（3）编写梯形图。梯形图如图 4-12 所示。

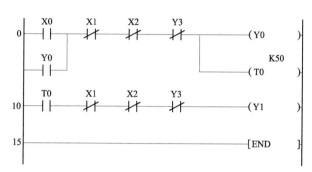

图 4-12　梯形图

（4）模拟调试。将录入的程序传送到 PLC，并进行调试，检查是否完成了控制要求，直至运行符合任务要求方为成功。

五、顺序循环接通控制程序

顺序循环接通控制是指在控制过程中，被控对象按动作顺序完成启动、停止等动作，当某一个动作开始执行时，前一个动作应该结束，如此循环往复。

在图 4-13 中，输入点 X0 接带自锁的按钮。当输入 X0 接通后，输出 Y0～Y2 三个输出端按顺序 Y0、Y1、Y2、Y0、Y1、Y2……循环接通，各接通 10s，如此循环直至 X0 断开，三个输出全部断开。

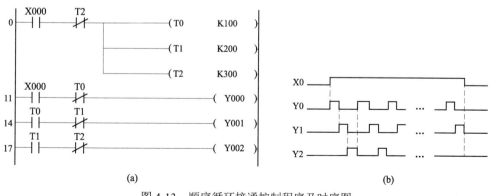

(a)　　　　　　　　　　　　　　　　　　(b)

图 4-13　顺序循环接通控制程序及时序图
（a）梯形图；（b）时序图

【提高训练】简易彩灯的 PLC 控制

1. 控制要求

（1）当开关闭合时，控制系统起动。

（2）6 只彩灯按图 4-14 所示时序工作，依次点亮 1s，循环运行。

（3）当开关断开时，系统停止。

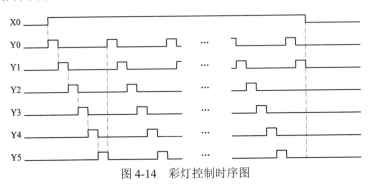

图 4-14　彩灯控制时序图

2. 操作步骤

（1）列出 I/O 分配表。I/O 分配表见表 4-5。

表 4-5

I/O 分配表

输　入			输　出		
输入点	输入元件	作用	输出点	输出元件	作用
X0	SA	工作开关	Y0	HL1	彩灯 1
			Y1	HL2	彩灯 2
			Y2	HL3	彩灯 3
			Y3	HL4	彩灯 4
			Y4	HL5	彩灯 5
			Y5	HL6	彩灯 6

（2）画出 PLC 接线图。PLC 接线图如图 4-15 所示。

（3）编写梯形图。梯形图如图 4-16 所示。

（4）模拟调试。将录入的程序传送到 PLC，并进行调试，检查是否完成了控制要求，直至运行符合任务要求方为成功。

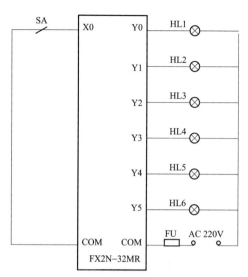

图 4-15　彩灯控制的 PLC 接线图

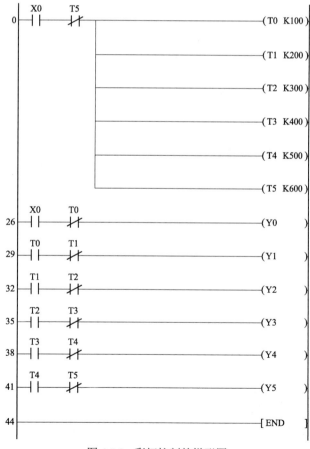

图 4-16　彩灯控制的梯形图

六、长时间延时控制程序

PLC 中定时器的定时时间是有限的，若想获得长时间定时，可用两个或两个以上的定时器或计数器组合起来使用。

1. 多个定时器组合

图 4-17 是用两个定时器完成 5000s 定时，输入点 X0 接带自锁的按钮。如果需要多个定时器串联使用，可参照图 4-17 中定时器的使用方法来编写程序。

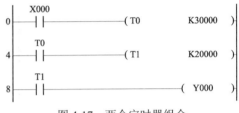

图 4-17 两个定时器组合

2. 两个计数器组合

图 4-18 是用两个计数器来完成 40min 定时，输入点 X0 接带自锁的按钮。其中，以 1s 时钟辅助继电器 M8013 作为计数器 C0 的计数脉冲。当 X0 接通时，计数器 C0 开始计时，计满 60 个脉冲（60s）后，其动合触点 C0 向计数器 C1 发去一个计数脉冲，同时使计数器 C0 复位。计数器 C1 对 C0 每 60s 产生的一个脉冲进行计数，当计满 40 个脉冲后，其动合触点闭合，使输出 Y0 接通。从 X0 接通到 Y0 接通，定时时间为 40×60s=2400s，即 40min。如果实际需要多个计数器串联使用，可参照图 4-18 中计数器的使用方法来编写程序。

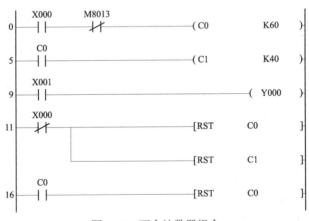

图 4-18 两个计数器组合

3. 定时器和计数器组合

图 4-19 是用一个定时器和一个计数器完成 1h 定时，输入点 X0 接带自锁的按钮。当 X0 接通时，定时器 T0 依靠自身复位产生一个周期为 100s 的脉冲序列，作为计数器 C0 的

计数脉冲。当计数器计满 36 个脉冲后，其动合触点闭合，使输出 Y0 接通。从 X0 接通到 Y0 接通，定时时间为 100s×36=3600s，即 1h。

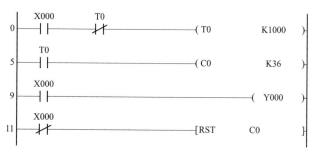

图 4-19　定时器和计数器组合

【提高训练】长计时的 PLC 控制

1. 控制要求

按下启动按钮，水泵电动机起动。24h 后，水泵电动机自动停止。

编程思路：普通定时器参数设置范围为 0～32 767，因此远远不够 24h 的定时时间，若用多个定时器进行累加，则需太多的定时器，非常麻烦，此例可用定时器和计数器来实现。定时 30min 计数一次，24h 计数 48 次就可以。

2. 操作步骤

（1）列出 I/O 分配表。根据控制要求进行 I/O 分配，见表 4-6。

表 4-6

I/O 分配表

输　　入			输　　出		
输入点	输入元件	作用	输出点	输出元件	作用
X0	SB	起动按钮	Y0	KM	控制水泵 M

（2）画出水泵长计时的 PLC 控制电路图。如图 4-20 所示是水泵长计时的 PLC 控制电路图。

（3）编写梯形图。梯形图如图 4-21 所示。

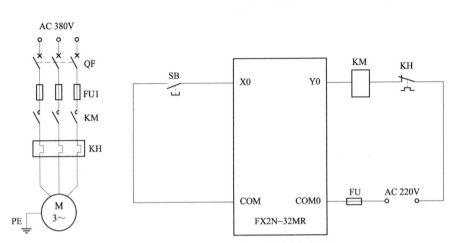

图 4-20　水泵长计时的 PLC 控制电路图

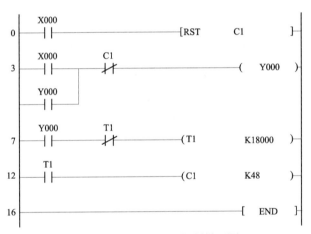

图 4-21　水泵的 PLC 控制梯形图

　　（4）模拟调试。将录入的程序传送到 PLC，并进行调试，检查是否完成了控制要求，直至运行符合任务要求方为成功。

七、脉冲发生器控制程序

1. 单脉冲发生器

　　在图 4-22 中，输入点 X0 每接通一次，就产生一个定时的单脉冲。无论 X0 接通时间长短如何，输出 Y0 的脉宽都等于定时器 T0 设定的时间。

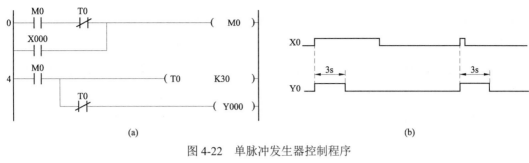

图 4-22　单脉冲发生器控制程序

（a）梯形图；（b）时序图

2. 占空比可调脉冲发生器

利用定时器可以方便地产生方波脉冲序列，且占空比可根据需要灵活改变。

如图 4-23 所示是用两个定时器产生占空比可调脉冲发生器的控制程序。当输入点 X0 为 ON 时，辅助继电器 M0 的线圈接通，其动合触点闭合，定时器 T0 开始计时。4s 后，T0 的动合触点闭合，在接通定时器 T1 的同时，Y0 接通。6s 后，T1 的动断触点断开，使定时器 T0 复位，Y0 断开，同时定时器 T1 复位，T1 动断触点再次闭合，定时器 T0 又重新开始定时。如此循环下去，直到输入点 X1 为 ON 状态。显然，只要改变两个定时器的时间常数，就可以改变脉冲周期和占空比。

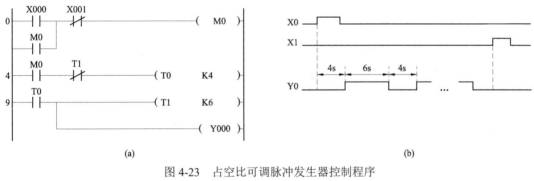

图 4-23　占空比可调脉冲发生器控制程序

（a）梯形图；（b）时序图

如图 4-23 中，占空比为 1，即 X0 接通后，产生的输出为方波，这时就是通常所说的振荡电路。

3. 连续脉冲发生器

在 PLC 程序设计中，也经常需要一系列连续的脉冲信号作为计数器的计数脉冲或其他作用，下面介绍几种控制程序。

（1）连续脉冲发生器控制程序之一。图 4-24 中，输入点 X0 接带自锁的按钮。利用辅助继电器 M0 产生一个脉宽为一个扫描周期、脉冲周期为两个扫描周期的连续脉冲。该程序是利用 PLC 的扫描工作方式来设计的。当 X0 动合触点闭合后，第一次扫描到 M0 动断触点时，它是闭合的，于是，M0 线圈得电。当第二次从头开始扫描，扫描到 M0 的动断触点时，因 M0 线圈得电后其动断触点已经断开，所以使 M0 线圈失电，这样，M0 线圈得电时间为一个扫描周期。M0 线圈不断连续地得电、失电，其动合触点也随之不断连续地闭合、断开，就产生了脉宽为一个扫描周期的连续脉冲信号输出，脉冲宽度和脉冲周期不可调。

图 4-24　连续脉冲发生器控制程序之一 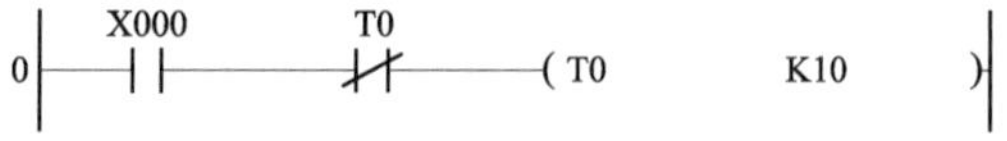　　　　图 4-25　连续脉冲发生器控制程序之二

（2）连续脉冲发生器控制程序之二。图 4-25 中，利用定时器 T0 产生一个周期可调节的连续脉冲。当 X0 动合触点闭合后，第一次扫描到 T0 动断触点时，它是闭合的，于是，T0 线圈得电，经过 1s 的延时，T0 动断触点断开，在断开后的第一个扫描周期中，当扫描到 T0 动断触点时，因它已经断开，使 T0 线圈失电，T0 动断触点又随之恢复闭合，这样，在下一个扫描周期扫描到 T0 动断触点时，又使 T0 线圈得电，重复以上动作，就产生了脉宽为一个扫描周期、脉冲周期为 1s 的连续脉冲，改变 T0 常数设定值，就可改变脉冲周期。

4. 二分频控制程序

图 4-26 所示是二分频电路，要分频的脉冲信号加入 X0 端，Y0 端输出分频后的脉冲信号。当程序开始执行时，M8002 接通一个扫描周期，确保 Y0 的初始状态为断开状态。当 X0 端第一个脉冲信号到来时，M100 接通一个扫描周期，Y0 接通；当 X0 端第二个脉冲到来时，M100 又接通一个扫描周期，Y0 断开。显然，输出 Y0 的频率为输入 X0 频率的一半，实现了分频。

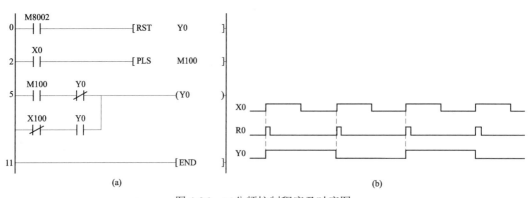

图 4-26　二分频控制程序及时序图
（a）梯形图；（b）时序图

【提高训练】声光报警器的 PLC 控制

1. 控制要求

当条件满足时，蜂鸣器鸣叫，同时，报警灯连续闪烁 16 次，每次亮 2s，熄灭 3s，伺候，停止声光报警。

2. 操作步骤

（1）列出 I/O 分配表。I/O 分配表见表 4-7。

表 4-7

I/O 分配表

输　　入			输　　出		
输入点	输入元件	作用	输出点	输出元件	作用
X1	SQ	行程开关	Y1	HA	蜂鸣器
			Y2	HL	报警灯

（2）画出 PLC 接线图。PLC 接线图如图 4-27 所示。

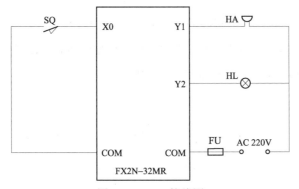

图 4-27　PLC 接线图

（3）编写梯形图。

编程思路：报警灯开始工作的条件可以是按钮，也可以是行程开关或接近开关等来自现场的信号，现假定是行程开关。蜂鸣器和报警灯分别占有一个输出点。报警灯亮、暗闪烁，可以采用两个定时器分别控制亮、暗的时间，而闪烁的次数则由计数器控制。编写梯形图如图 4-28 所示。

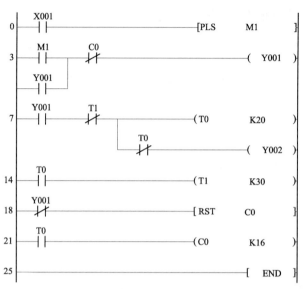

图 4-28　报警器的 PLC 控制梯形图

（4）模拟调试。将录入的程序传送到 PLC，并进行调试，检查是否完成了控制要求，直至运行符合任务要求方为成功。

八、多地控制程序

在图 4-29 中，可以在三个不同的地方独立控制一盏照明灯，即任何一个地方的开关动作都可以使照明灯的状态发生变化。图中输入点 X0、X1、X2 分别接三个不同地方的开关 SB1、SB2、SB3；输出点 Y0 接照明灯 L0。

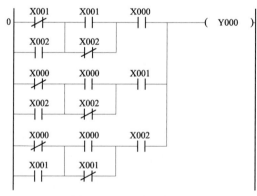

图 4-29　多地控制程序

【提高训练】抢答器的 PLC 控制

1. 控制要求

如图 4-30 所示是一个可用于四支比赛队伍的抢答器。系统需要四个抢答按钮、一个复位按钮和四个指示灯，具体要求如下。

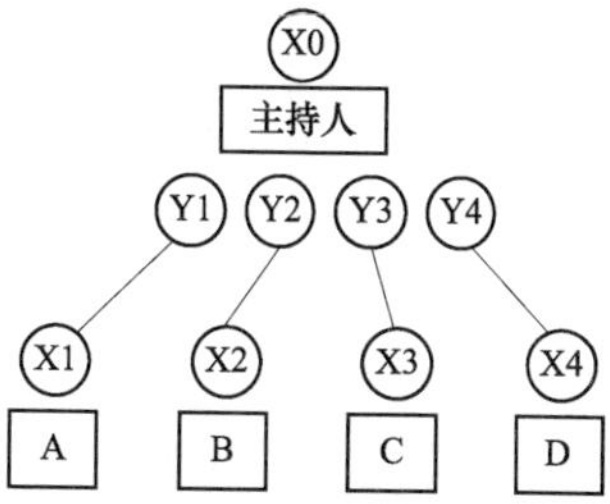

（1）主持人宣布答题后，四组人 A、B、C、D 开始抢答，X1、X2、X3、X4 是每组队伍面前的抢答按钮，按下任意一个按钮，主持人面前对应的灯就会亮，其他队伍再按，主持人面前的灯也不会亮（即主持人面前的灯每次答题只亮一个）。

图 4-30　抢答器控制系统示意图

（2）答题完毕后，主持人按下复位按钮 X0，灯灭掉，开始下一轮的抢答。

2. 操作步骤

（1）根据控制要求进行 I/O 分配，见表 4-8。

表 4-8

I/O 分配表

输　入			输　出		
输入点	输入元件	作用	输出点	输出元件	作用
X0	SB0	复位按钮	Y1	HL1	指示灯 A
X1	SB1	抢答按钮 A	Y2	HL2	指示灯 B
X2	SB2	抢答按钮 B	Y3	HL3	指示灯 C
X3	SB3	抢答按钮 C	Y4	HL4	指示灯 D
X4	SB4	抢答按钮 D			

（2）画出 PLC 接线图。PLC 接线图如图 4-31 所示。

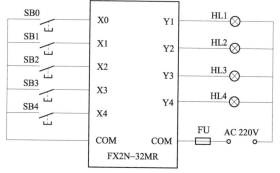

图 4-31　抢答器 PLC 控制接线图

（3）编写梯形图。梯形图如图 4-32 所示。

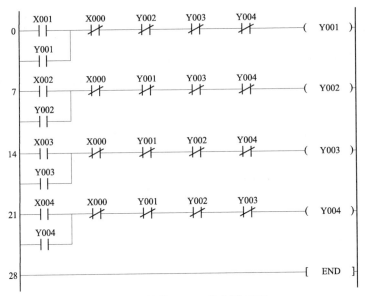

图 4-32　抢答器 PLC 控制梯形图

（4）模拟调试。将录入的程序传送到 PLC，并进行调试，检查是否完成了控制要求，直至运行符合任务要求方为成功。

九、单按钮控制设备起停程序

通常一个电路的起动和停止是由两个按钮分别完成的，当一台 PLC 控制多个这种需求的启停电路时，将占用很多的输入点，有可能会面临输入点不足的情况，这时可以用单按钮实现启停控制。

【提高训练】单按钮实现电动机起停控制

1. 控制要求

用单按钮实现三相异步电动机的起动和停止控制。具体要求是第一次按下按钮 SB1，电动机起动运行；第二次按下按钮，电动机停止运行；第三次按下按钮，电动机再次起动……依次循环。

2. 操作步骤

（1）I/O 地址通道分配，见表 4-9。

表 4-9

I/O 分配表

输　　入			输　　出		
输入点	输入元件	作用	输出点	输出元件	作用
X0	SB1	起停开关	Y0	KM1	Ⓜ的交流接触器

（2）画出 PLC 接线图。PLC 接线图如图 4-33 所示。

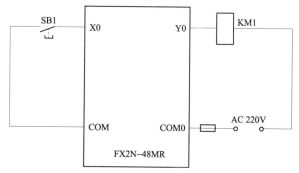

图 4-33　PLC 接线图

（3）编写梯形图。

1）用分频电路实现。图 4-34 所示是二分频电路，将要分频的脉冲信号加入到 X0 端，Y0 端输出分频后的脉冲信号。时序图如图 4-34（c）所示。

2）用计数器实现。图 4-35 实现了用一只按钮完成单数次计数起动，双数次计数停止的控制。

3）其他方法。另外，单按钮起停也可以通过如图 4-36 和图 4-37 所示的梯形图来实现。

（4）模拟调试。分别将录入的程序传送到 PLC，并进行调试，检查是否完成了控制要求，直至运行符合任务要求方为成功。

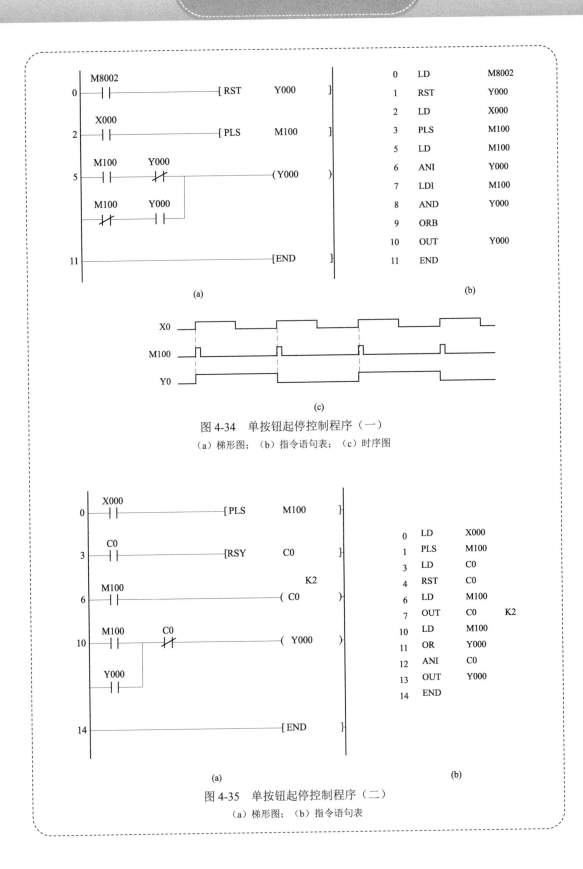

图 4-34 单按钮起停控制程序（一）
（a）梯形图；（b）指令语句表；（c）时序图

图 4-35 单按钮起停控制程序（二）
（a）梯形图；（b）指令语句表

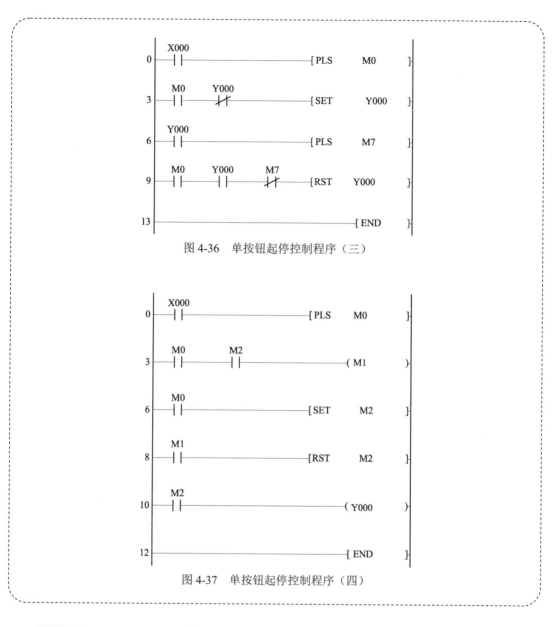

图 4-36　单按钮起停控制程序（三）

图 4-37　单按钮起停控制程序（四）

十、顺序控制

　　所谓顺序控制就是针对顺序控制系统，按照生产工艺预先规定的顺序，在各个输入信号的作用下，根据内部状态和时间的顺序，在生产过程中各个执行机构自动地有秩序地进行操作。如果一个控制系统可以分解成几个独立的控制动作，且这些动作必须严格按照一定的先后次序执行才能保证生产过程的正常运行，那么系统的这种控制称为顺序控制。

【提高训练】顺序相连的传送带 PLC 控制

1. 控制要求

某车间两条顺序相连的传送带，如图 4-38 所示，为了避免运送的物料在 2 号传送带上堆积，按下起动按钮后，2 号传送带开始运行，5s 后 1 号传送带自动起动。而停机时，则是 1 号传送带先停止，10s 后 2 号传送带才停止。

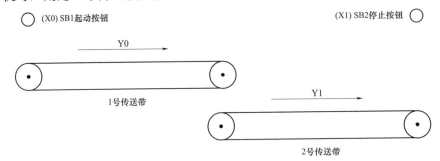

图 4-38　顺序相连的传送带控制

2. 操作步骤

（1）I/O 地址通道分配，见表 4-10。

表 4-10

I/O 分配表

输　　入			输　　出		
输入点	输入元件	作用	输出点	输出元件	作用
X0	SB1	起动按钮	Y0	KM1	1 号传送带接触器
X1	SB2	停止按钮	Y1	KM2	2 号传送带接触器

（2）PLC 接线图如图 4-39 所示。

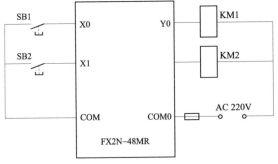

图 4-39　顺序相连的传送控制接线图

（3）编制梯形图，如图 4-40 所示。

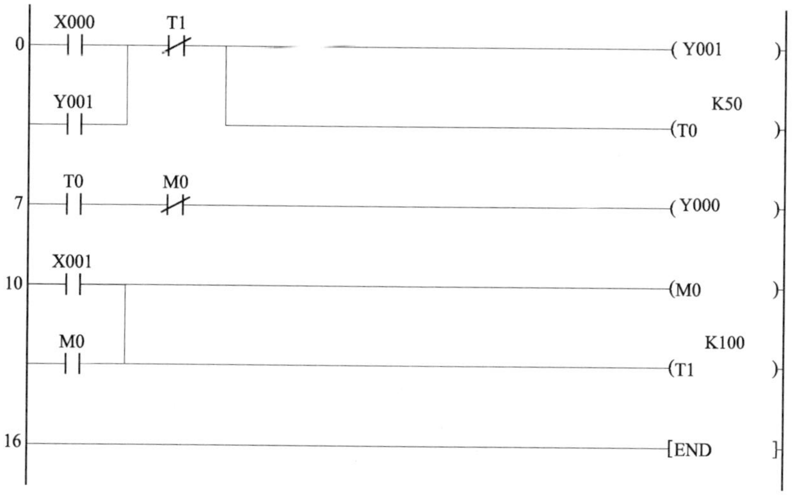

图 4-40 顺序相连的传送控制梯形图

（4）模拟调试。将录入的程序传送到 PLC，并进行调试，检查是否完成了控制要求，直至运行符合任务要求方为成功。

【提高训练】四台电动机的顺序起动 PLC 控制

1. 控制要求

有四台电动机，起动时要求每隔 5min 依次起动；停止时，按下起动按钮，四台电动机同时停止。

2. 操作步骤

（1）I/O 地址通道分配，见表 4-11。

表 4-11

I/O 分配表

输　　入			输　　出		
输入点	输入元件	作用	输出点	输出元件	作用
X0	SB1	起动按钮	Y0	KM1	电动机 1 接触器
X1	SB2	停止按钮	Y1	KM2	电动机 2 接触器
			Y2	KM3	电动机 3 接触器
			Y3	KM4	电动机 4 接触器

（2）PLC 接线图如图 4-41 所示。

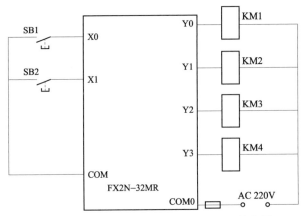

图 4-41　四台电动机顺序起动控制 PLC 接线图

（3）编制梯形图。我们可以用三种方法来实现四台电动机的顺序起动控制。

方法一如图 4-42 所示，是采用定时器实现四台电动机的顺序控制。

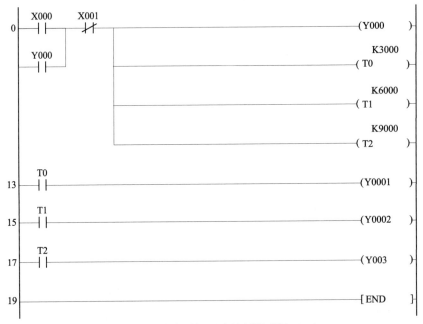

图 4-42　四台电动机顺序控制梯形图（一）

方法二如图 4-43 所示，是采用计数器实现的四台电动机顺序控制。

方法三如图 4-44 所示，是采用连续脉冲信号实现的四台电动机顺序控制。

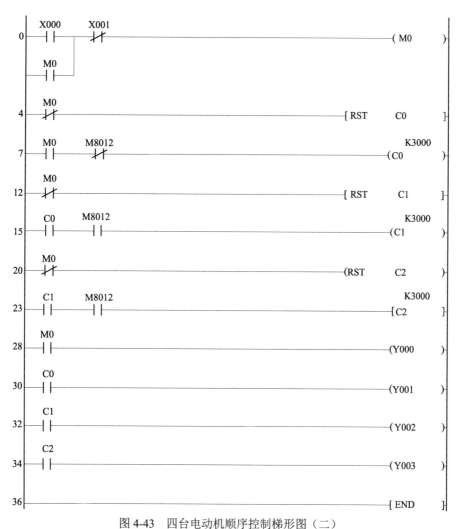

图 4-43　四台电动机顺序控制梯形图（二）

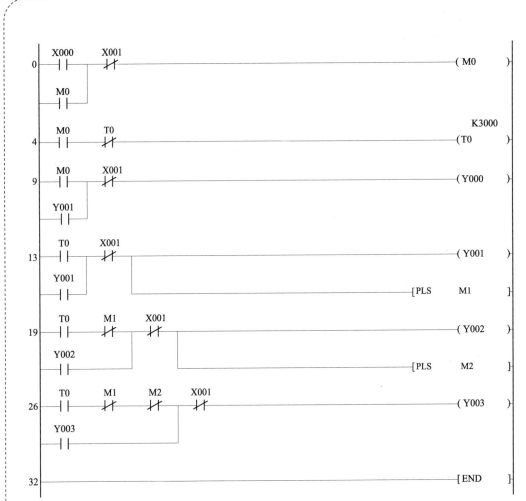

图 4-44 四台电动机顺序控制梯形图（三）

（4）模拟调试。将录入的程序传送到 PLC，并进行调试，检查是否完成了控制要求，直至运行符合任务要求方为成功。

十一、三相异步电动机的位置控制

位置控制就是在生产过程中，利用生产机械运动部件上的挡铁与行程开关碰撞，使行程开关的触头动作，来接通或断开电路，以实现对生产机械运动部件的位置或行程的自动控制。例如，工厂车间行车的运行及磨床工作台的自动往返运动。

【提高训练】三相异步电动机的位置 PLC 控制

1. 控制要求

试编制 PLC 控制程序实现如图 4-45 所示的三相异步电动机的位置控制，具体要求如下：

（1）按下起动按钮 SB1，行车右行，碰到右侧行程开关 SQ2，行车停止右行；

（2）按下起动按钮 SB2，行车左行，碰到左侧行程开关 SQ1，行车停止左行；

（3）按下停止按钮 SB3。

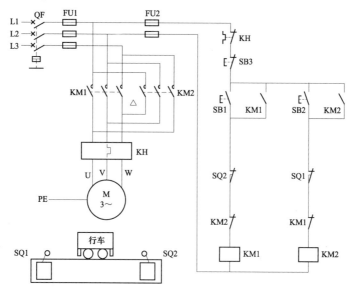

图 4-45　三相异步电动机的位置控制线路图

2. 操作步骤

（1）列出 I/O 分配表，见表 4-12。

表 4-12

I/O 分配表

输　入			输　出		
输入点	输入元件	作用	输出点	输出元件	作用
X0	SB1	正转起动	Y1	KM1	正转用交流接触器
X1	SB2	反转起动	Y2	KM2	反转用交流接触器
X2	SB3	停止按钮			
X11	SQ1	左行程开关			
X12	SQ2	右行程开关			

（2）画出 PLC 接线图。电动机位置控制 PLC 接线如图 4-46 所示。

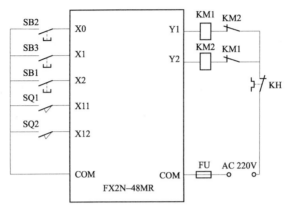

图 4-46　三相异步电动机位置控制 PLC 接线图

（3）编写梯形图。根据任务要求编写梯形图及其指令语句表，如图 4-47 所示。

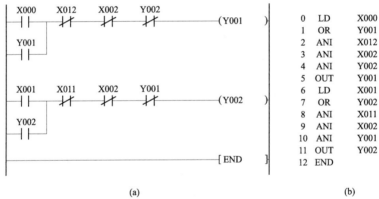

	0	LD	X000
	1	OR	Y001
	2	ANI	X012
	3	ANI	X002
	4	ANI	Y002
	5	OUT	Y001
	6	LD	X001
	7	OR	Y002
	8	ANI	X011
	9	ANI	X002
	10	ANI	Y001
	11	OUT	Y002
	12	END	

(a)　　　　　　　　　　(b)

图 4-47　三相异步电动机位置控制梯形图及其指令语句表

（a）梯形图；（b）指令语句表

在图 4-47 所示的梯形图中，$\overset{X012}{\dashv\!\!\vdash}$是 Y1 的停止信号；同理，$\overset{X011}{\dashv\!\!\vdash}$是 Y2 的停止信号之一。

（4）模拟调试。将录入的程序传送到 PLC，并进行调试，检查是否完成了控制要求，直至运行符合任务要求方为成功。

十二、三相异步电动机的自动往返控制

自动往返运动是指某些生产机械的工作台根据要求在一定行程内进行自动往返运动控制，以便实现对工件的连续加工，提高生产效率。其实工作台的自动往返运动，主要是电

气控制线路能对电动机实现自动转换正反转控制。

【提高训练】三相异步电动机的自动往返 PLC 控制

1. 控制要求

试编制 PLC 控制程序实现如图 4-48 所示的三相异步电动机的自动往返控制。具体要求如下：

（1）按下启动按钮 SB2，行车右行，碰到右侧行程开关 SQ2，行车停止右行，开始左行，碰到左侧行程开关 SQ1，停止左行，开始右行，一直循环。

（2）若小车在右侧，可按下起动按钮 SB3，行车左行，碰到左侧行程开关 SQ1，行车停止左行，开始右行，并一直循环。

（3）在运行过程中若想停止，可以按下停止按钮 SB1。

（4）SQ3、SQ4 分别为左、右终端限位开关。

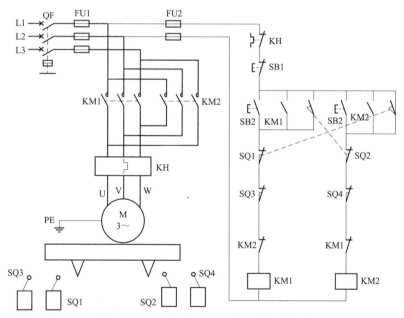

图 4-48　三相异步电动机的自动往返控制

2. 操作步骤

（1）列出 I/O 分配表，见表 4-13。

表 4-13

I/O 分配表

输　　入			输　　出		
输入点	输入元件	作用	输出点	输出元件	作用
X0	SB2	正转起动	Y1	KM1	正转用交流接触器
X1	SB3	反转起动	Y2	KM2	反转用交流接触器
X2	SB1	停止按钮			
X11	SQ1	左行程开关			
X12	SQ2	右行程开关			
X13	SQ3	左终端限位			
X14	SQ4	右终端限位			

（2）画出 PLC 接线图。自动往返控制 PLC 接线如图 4-49 所示。

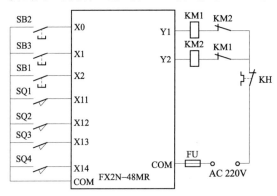

图 4-49　三相异步电动机的自动往返控制 PLC 接线图

（3）编写梯形图。根据任务要求编写梯形图，如图 4-50 所示。

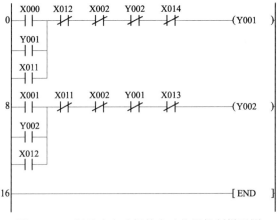

图 4-50　三相异步电动机的自动往返控制梯形图

在图 4-50 所示的梯形图中，—|/|— $X012$ 是 Y1 的停止信号，而 —| |— $X012$ 是 Y2 启动的一个条件；同理，—|/|— $X011$ 是 Y2 的停止信号之一，而 —| |— $X011$ 又是 Y1 的启动条件之一。由此实现了自动往返的运动控制。

（4）模拟调试。将录入的程序传送到 PLC，并进行调试，检查是否完成了控制要求，直至运行符合任务要求方为成功。

十三、三相异步电动机的能耗制动控制

能耗制动是当电动机切断交流电源后，立即在定子绕组的任意两相中通入直流电，促使电动机迅速停转的方法。由于这种制动方法是通过在定子绕组中通入直流电，以消耗转子惯性运转的动能来进行制动的，所以称为能耗制动，又称动能制动。

【提高训练】三相异步电动机的能耗制动 PLC 控制

1. 控制要求

试编制 PLC 控制程序实现如图 4-51 所示的三相异步电动机单相起动能耗制动自动控制，具体要求如下：

（1）按下起动按钮 SB1，电动机连续运转。

（2）按下停止按钮 SB2，KM2 得电接通制动电路，同时时间继电器开始定时，待定时时间到，KM2 失电切断制动电路。

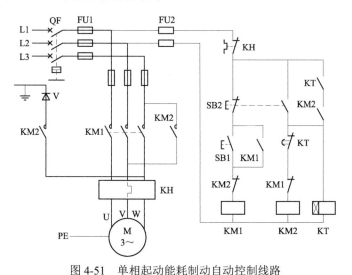

图 4-51　单相起动能耗制动自动控制线路

2. 操作步骤

（1）列出 I/O 分配表，见表 4-14。

表 4-14

I/O 分配表

输　　入			输　　出		
输入点	输入元件	作用	输出点	输出元件	作用
X1	SB1	起动按钮	Y1	KM1	电动机用接触器
X2	SB2	停止按钮	Y2	KM2	制动用接触器

（2）画出 PLC 接线图。单相起动能耗制动自动控制 PLC 接线如图 4-52 所示。

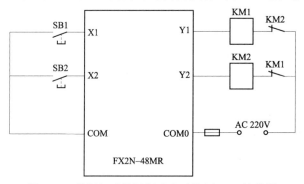

图 4-52　单相起动能耗制动自动控制 PLC 接线图

（3）编写梯形图。根据任务要求编写梯形图及其指令语句表，如图 4-53 所示。

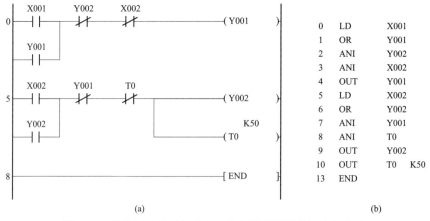

(a)　　　　　　　　　　　　　　　　　　(b)

图 4-53　单相起动能耗制动自动控制梯形图及其指令语句表

（a）梯形图；（b）指令语句表

（4）模拟调试。将录入的程序传送到 PLC，并进行调试，检查是否完成了控制要求，直至运行符合任务要求方为成功。

十四、双速异步电动机的控制

双速异步电动机是通过改变异步电动机定子绕组的连接方式，来改变电动机磁极的对数来进行调速的，又称为变极调速。它是有级调速，而且只适用于笼型异步电动机，常见的多速电动机有双速、三速、四速等几种类型。

双速异步电动机定子绕组的△/丫丫联结图如图 4-54 所示。图中，三相定子绕组接成△，由三个连接点接出三个出线端 U1、V1、W1，从每相绕组的中点各接出一个出线端 U2、V2、W2，这样定子绕组共有 6 个出线端。通过改变这 6 个出线端与电源的连接方式，就可以得到两种不同的转速。

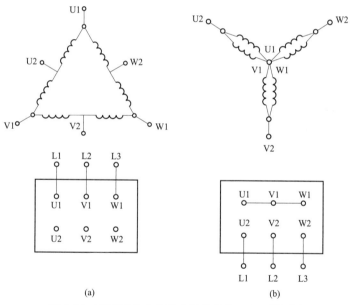

图 4-54　双速异步电动机定子绕组的△/丫丫联结图
（a）低速△形接法（4 极）；（b）高速丫丫形接法（2 极）

要使电动机在低速工作时，就把三相电源分别接至定子绕组作△形联结顶点的出线端 U1、V1、W1 上，另外三个出线端 U2、V2、W2 空着不接，如图 4-54（a）所示，此时电动机定子绕组接成△形，磁极为 4 极，同步转速为 1500r/min；若要使电动机高速工作，就把三个出线端 U1、V1、W1 并接在一起，另外三个出线端 U2、V2、W2 分别接到三相电源上，如图 4-54（b）所示，这时电动机定子绕组接成丫丫形，磁极为 2 极，同步转速为

3000r/min。可见，双速电动机高速运转时的转速是低速运转转速的 2 倍。

值得注意的是，双速电动机定子绕组从一种接法改变为另一种接法时，必须把电源相序反接，以保证电动机的旋转方向不变。

【提高训练】双速异步电动机 PLC 控制

1. 控制要求

试编制 PLC 控制程序来实现如图 4-55 所示的双速异步电动机控制。

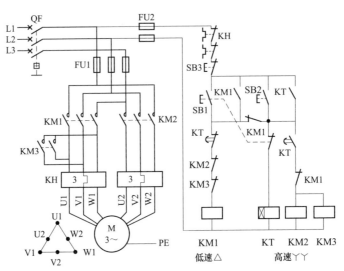

图 4-55　按钮和时间继电器控制双速电动机控制线路

2. 操作步骤

（1）列出 I/O 分配表，见表 4-15。

表 4-15

I/O 分配表

输　　入			输　　出		
输入点	输入元件	作用	输出点	输出元件	作用
X1	SB1	低速起动按钮	Y1	KM1	低速用接触器
X2	SB2	高速起动按钮	Y2	KM2	高速用接触器
X3	SB3	停止按钮	Y3	KM3	ΥΥ用接触器

（2）画出 PLC 接线图。双速电动机 PLC 接线如图 4-56 所示。

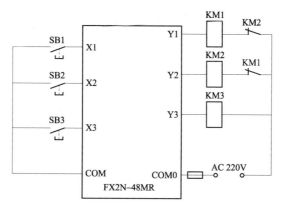

图 4-56 双速电动机 PLC 接线图

（3）编写梯形图

根据任务要求编写梯形图及其指令语句表，如图 4-57 所示。

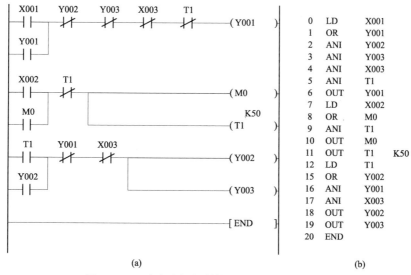

0	LD	X001	
1	OR	Y001	
2	ANI	Y002	
3	ANI	Y003	
4	ANI	X003	
5	ANI	T1	
6	OUT	Y001	
7	LD	X002	
8	OR	M0	
9	ANI	T1	
10	OUT	M0	
11	OUT	T1	K50
12	LD	T1	
15	OR	Y002	
16	ANI	Y001	
17	ANI	X003	
18	OUT	Y002	
19	OUT	Y003	
20	END		

(a)   (b)

图 4-57 双速电动机控制梯形图及其指令语句表

（a）梯形图；（b）指令语句表

（4）模拟调试。将录入的程序传送到 PLC，并进行调试，检查是否完成了控制要求，直至运行符合任务要求方为成功。

第五章　步进顺控指令及应用

前面学过的梯形图的设计方法一般称为经验设计法，经验设计法没有一套固定的步骤可循，具有很大的试探性和随意性。在设计复杂系统的梯形图时，用大量的中间单元来完成记忆、连锁和互锁等功能，由于需要考虑的因素很多，这些因素又往往交织在一起，分析起来非常困难，编程难度大，编出来的程序可读性也差。本章我们来学习一种新的编程方法——顺序控制设计法。

顺序控制设计法是一种先进的设计方法，很容易被初学者接受，有经验的工程师使用顺序控制设计法，也会提高设计的效率，程序调试、修改和阅读也更方便。

第一节　顺序控制及顺序功能图

一、顺序控制简介

所谓顺序控制，就是按照生产工艺预先规定的顺序，在各个输入信号的作用下，根据内部状态和时间的顺序，在生产过程中各个执行机构自动地有序地进行操作。

例如，某设备有三台电动机，控制要求是：按下起动按钮，第一台电动机 M1 起动；运行 5s 后，第二台电动机 M2 起动；M2 运行 15s 后，第三台电动机 M3 起动。按下停止按钮，3 台电动机全部停机。

现将三台电动机顺序控制的各个控制步骤用工序表示，并依工作顺序将工序连接起来，如图 5-1 所示。该工序图具有以下特点：

（1）复杂的控制任务或工作过程分解成若干个工序。

（2）各工序的任务明确而具体。

（3）各工序间的联系清楚，可读性很强，能清晰地反映整个控制过程，并给编程人员清晰的编程思路。

二、顺序功能图

任何一个顺序控制过程都可以分解为若干个阶段，称为步或状态，每个状态都有不同的动作。当相邻两状态之间的转换条件得到满足时，就将实现转换，即由上一个状态转换到下一个状态。我们常用顺序功能图来描述这种顺序控制过程。根据图 5-1 可以画出三台电动机顺序控制的功能图，如图 5-2 所示。

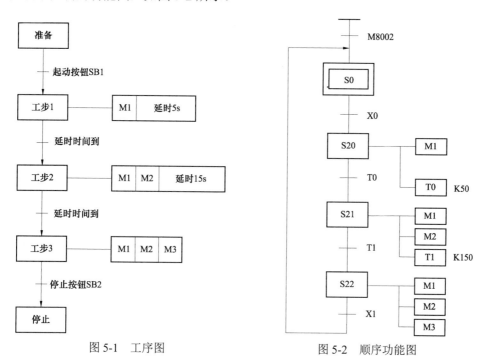

图 5-1　工序图　　　　　　　　　　　图 5-2　顺序功能图

1. 基本组成

顺序功能图，简称功能图，又叫状态流程图或状态转移图，它由步、有向连线、转换、转换条件和动作（或命令）组成。

（1）步。步是控制系统中的一个相对稳定的状态，它是根据输出量的状态变化来划分的，在任何一步内，各个输出量的 ON/OFF 状态不变，但是相邻步的输出量总的状态是不同的。在顺序功能图中分为中间步和初始步，如图 5-3 所示。

中间步：对应于控制系统的中间状态，用矩形框表示，框中的符号是与该步相对应的编程元件。

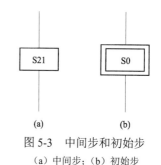

图 5-3　中间步和初始步

（a）中间步；（b）初始步

初始步：对应于控制系统的初始状态，是系统运行的起点。一个控制系统至少有一个初始步，初始步用双线框表示。

（2）有向线段。步与步之间的有向线段用来表示步的活动状态和进展方向。从上到下和从左到右这两个方向上的箭头可以省略，其他方向上必须加上箭头用来注明步的进展方

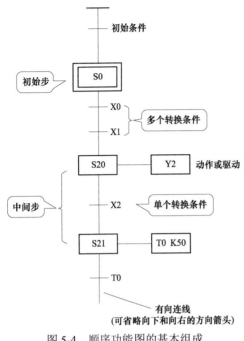

图 5-4　顺序功能图的基本组成

向。图 5-4 中流程方向始终向下，因而省略了箭头。

（3）转换。用来将相邻两步分隔开，用与有向连线垂直的短划线表示。

（4）转换条件。转换条件是与转换有关的逻辑命题，转换条件可以用文字语言、布尔代数表达式或图形符号标注在表示转换的短线的旁边，如图 5-4 所示。

（5）动作（或命令）。

一个步表示控制过程中的稳定状态，它可以对应一个或多个动作。可以在步右边加一个矩形框，在框中用简明的文字说明该步对应的动作。图 5-5（a）表示一个步对应一个动作。图 5-5（b）表示一个步对应多个动作。

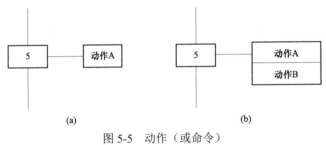

(a)　　　　　　　　　　　(b)

图 5-5　动作（或命令）

（a）一个步对应一个动作；（b）一个步对应多个动作

2. 步的三要素

顺序功能图中的步包含驱动动作、转移目标和转移条件三个要素。其中，转移目标和转移条件是必不可少的，而驱动动作则视具体情况而定，也可能没有实际的动作。

如图 5-6 所示，初始步 S0 没有驱动动作，S20 为其转移目标，X0 为其转移条件。S20 步，Y1、T0 为其驱动动作，S21 为其转移目标，T0 为其转移条件。S21 步，Y2 为其驱动动作，S0 为其转移目标，X1、X2 为其串联的转移条件。

3. 转换实现的条件和应完成的操作

在顺序功能图中，步的活动状态是由转换的实现来完成的。转换的实现必须同时满足两个条件：

（1）该转换所有的前级步都是活动步。

（2）相应的转换条件得到满足。

如果转换的前级步或后续步不止一个，转换的实现称为同步实现。为了强调同步实现，有向连线的水平部分用双线表示。

转换的实现应该完成以下两个操作：

（1）使所有由有向连线与相应转换条件相连的后续步都变为活动步。

（2）使所有由有向连线与相应转换条件相连的前级步都变为不活动步。

如图 5-5 所示，要实现步 S0 到步 S20 的转换，必须使 S0 为 ON，同时按下 X0。而一旦转换实现，

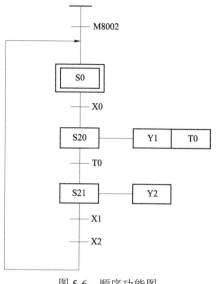

图 5-6　顺序功能图

步 S20 就变为活动步，同时 S0 变为不活动步。当 S20 变为活动步时，Y1 和 T0 的线圈就变为 ON。

4．使用注意事项

在使用顺序功能图进行编程时，要注意以下几个方面。

（1）步与步不能直接相连，必须用转移分开。

（2）转换与转换不能直接相连，必须用步分开。

（3）步与转换、转换与步之间的连线采用有向线段，画功能图的顺序一般是从上向下或从左到右，正常顺序时可以省略箭头，否则必须加箭头。

（4）一个功能图至少应有一个初始步。

（5）必须用初始化脉冲 M8002 动合触点作为转换条件，将初始步转化为活动步。

第二节　步进顺控指令及编程规则

一、步进顺控指令

步进顺控指令是专为顺序控制而设计的指令。在工业控制领域，许多的控制过程都可用顺序控制的方式来实现，使用步进指令实现顺序控制既方便直观又便于阅读修改。

1．指令介绍

FX2N 系列 PLC 中有两条步进顺控指令：STL（步进触点指令）和 RET（步进返回指

令），见表 5-1。

表 5-1

步进指令及功能

助记符	名称	操作功能	梯形图与目标元件	程序步
STL	步进触点指令	步进开始	┤┤┠S┤├──（　　　）	1
RET	步进返回指令	步进结束	无 ┤├──[RET]	1

STL（步进触点指令）：与主母线连接，有建立子母线的功能。当某个状态被激活时，步进梯形图上的母线就移到子母线上，所有操作均在子母线上进行。

RET（步进返回指令）：是用来复位 STL 指令的。执行 RET 后将重回母线，退出步进状态。

STL 和 RET 指令只有与状态继电器 S 配合使用才能具有步进功能。

2. 应用举例

在梯形图中引入步进触点和步进指令后，就可从顺序功能图转换成相应的梯形图和指令表，如图 5-7 所示。在图 5-7（b）中，当 S21 为 ON 时，STL S21 触点接通，先用 OUT 驱动负载 Y002，当转移条件 X004 满足时，用 SET S22 决定转移方向，下一状态为 S22。

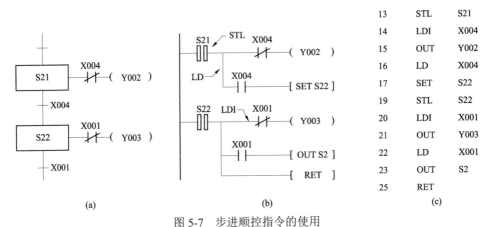

13	STL	S21
14	LDI	X004
15	OUT	Y002
16	LD	X004
17	SET	S22
19	STL	S22
20	LDI	X001
21	OUT	Y003
22	LD	X001
23	OUT	S2
25	RET	

图 5-7　步进顺控指令的使用

（a）顺序功能图；（b）对应的梯形图；（c）对应的指令表

3. 应用说明

（1）STL 指令的状态继电器 S 的动合触点称为 STL 触点，是"胖"触点。步进触点只有动合触点，而没有动断触点，用 ┨┠ 表示，与左侧母线相连。

（2）与 STL 触点相连的触点应用 LD 或 LDI 指令，只有执行完 RET 后才返回左侧母线。

（3）只有步进触点闭合时，它后面的电路才能动作。如果步进触点断开，则其后面的电路将全部断开。但是在 1 个扫描周期以后，不再执行指令。

（4）STL 触点可直接驱动或通过别的触点驱动 Y、M、S、T、C 等元件的线圈。当前状态可由单个触点作为转移条件，也可由多个触点的组合作为转移条件。

（5）由于 PLC 只执行活动步对应的电路块，所以使用 STL 指令时允许双线圈输出（顺控程序在不同的步可多次驱动同一线圈）。

（6）STL 触点驱动的电路块中不能使用 MC 和 MCR 指令，但可以用 CJ 指令。

（7）在中断程序和子程序内，不能使用 STL 指令。

二、状态继电器

状态继电器用来记录系统运行中的状态，是编制顺序控制程序的重要编程元件，它与步进顺控指令 STL 配合使用。

1. 状态继电器的分类

FX2N 系列 PLC 共有 1000 个状态继电器，分为五种类型：初始状态继电器、回零状态继电器、通用状态继电器、掉电保持用状态继电器、信号报警状态继电器，见表 5-2。

表 5-2

状态继电器的类型

类型	元件编号	个数	用　　途
初始状态	S0～S9	10	用作 SFC 图的初始状态
回零状态	S10～S19	10	在多运行模式当中，用作返回原点的状态
通用状态	S20～S499	480	用作 SFC 图的中间状态，表示工作状态
掉电保持状态	S500～S899	400	具有停电保持功能，停电恢复后需继续执行的场合，可用这些状态元件
信号报警状态	S900～S999	100	用作报警元件

2. 使用状态继电器的注意事项

（1）状态继电器的编号必须在指定的范围内选择。

（2）各状态继电器的触点，在 PLC 内部可自由使用，次数不限。

（3）状态继电器在不与步进顺控指令 STL 配合使用时，可与辅助继电器 M 一样使用。

（4）FX2N 系列 PLC 可通过程序设计将 S0～S499 设置为有断电保持功能的状态继电器。

三、状态编程的规则

用步进顺控指令可以将顺序功能图转换为步进梯形图，也可以直接编写步进梯形图。在梯形图和顺序功能图之间，应遵循以下这些规则。

1. 初始状态的编程

初始状态是指一个顺控工艺过程最开始的状态，须在其他状态之前，对应于顺序功能图的起始位置。系统开始运行后，初始状态可由其他状态来驱动。如图 5-8 所示，初始状态 S2 是用 S22 来驱动的。

首次开始运行时，初始状态必须用其他方法预先驱动，否则状态流程就不能进行。如图 5-9 所示，当 PLC 从 STOP→RUN 切换瞬间，初始脉冲 M8002 接通，初始状态 S2 被驱动。

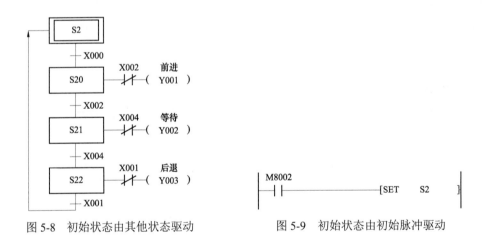

图 5-8 初始状态由其他状态驱动　　　　图 5-9 初始状态由初始脉冲驱动

2. 中间状态的编程

中间状态须在其他状态后加入 STL 指令，来进行驱动。在中间状态编程时，必须使用步进接点 STL 指令，先负载驱动，后转移处理，以保证负载驱动和状态转移都是在子母线上进行的。

在图 5-10 中，当 S21 的 STL 接点被接通后，先是用 OUT 指令驱动输出线圈 Y002，然后才是用 SET S22 指令决定转移方向，转向下一相邻状态 S22。状态继电器绝对不能重复使用。

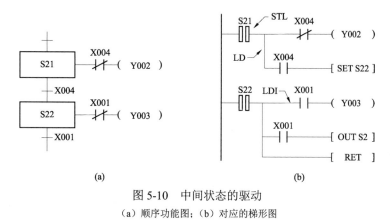

图 5-10 中间状态的驱动

（a）顺序功能图；（b）对应的梯形图

3. 定时器的重复使用

相邻的两状态中不能重复使用同一定时器，因为指令会互相影响，导致定时器无法复位，如图 5-11 所示。在非相邻的状态中可使用同一个定时器。

4. 状态的转移方法

连续转移用 SET，非连续转移用 OUT。如在图 5-12 中，从状态 S41 向状态 S42 转移时，程序中用的是 SET 指令。从状态 S41 向状态 S50 转移时，程序中用的是 OUT 指令，而不能用 SET 指令。

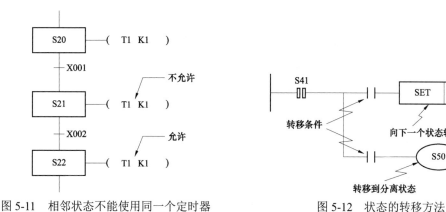

图 5-11 相邻状态不能使用同一个定时器   图 5-12 状态的转移方法

5. 输出的驱动方法

在步进触点后，一旦写入 LD 或 LDI 指令后，对不需要触点的指令就不能再编程，如图 5-13（a）所示。可以按照图 5-13（b）、（c）所示的方法进行改变。

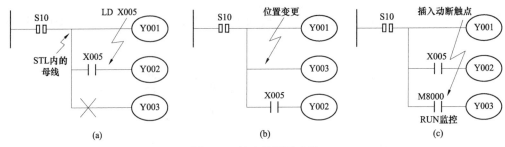

图 5-13 输出的驱动方法

（a）错误的方法；（b）正确的方法（一）；（c）正确的方法（二）

6. 栈指令的位置

在状态内，MPS 指令也不能紧接着 STL 指令后用，而应该在 LD、LDI 指令后使用，如图 5-14 所示。

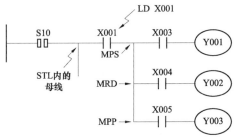

7. 在状态程序中不能使用的指令

（1）在 STL 与 RET 指令间不能用主控指令 MC 和主控复位 MCR 指令。

图 5-14 栈指令的位置

（2）在子程序或中断服务程序中，不能使用 STL 指令。

（3）在状态内部最好不用跳转指令 CJ，以免引起混乱。

第三节 顺序功能图

顺序功能图有三种基本结构：单流程、并行流程和选择流程。另外，还有复合、循环、跳转和重复等流程结构形式，不同的结构流程，其特点和应用方法也有区别。

一、单流程结构顺序功能图

1. 单流程结构的特点

单流程结构的顺序功能图，只有一个转移条件并转向一个分支，是最基本的结构流程。它由顺序排列、依次有效的状态序列组成，每个状态的后面只跟一个转移条件，每个转移条件后面也只连接一个状态，如图 5-15（a）所示。

在图 5-15（a）中，当状态 S20 有效时，若转移条件 X001 接通，状态将从 S20 转移到 S21，一旦转移完成，S20 同时复位。同样，当状态 S21 有效时，若转移条件 X002 接通，将从 S21 转移到 S22，转移完成，S21 同时复位。依此类推，直至最后一个状态。

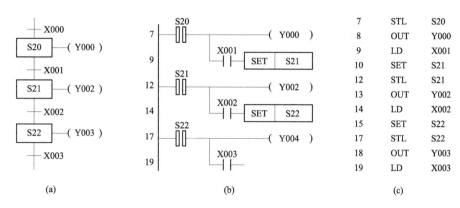

图 5-15 单流程的顺序功能图

（a）单流程 SFC；（b）对应的梯形图；（c）对应的指令表

2. 单流程结构的编程

利用顺序功能图对控制任务进行编程，通常有六个步骤：一是任务分解；二是 I/O 分配；三是动作设置；四是转换条件设置；五是绘制顺序功能图；六是顺序功能图的转换。在进行顺序控制编程时，必须遵循前面已经指出的规则。

3. 顺序功能图与梯形图的转换

图 5-15（a）对应的梯形图如图 5-15（b）所示，列出指令表如图 5-15（c）所示。

【提高训练】简易红绿灯控制系统

一、控制要求

当按下起动按钮时，B 车道通行，绿灯亮，5s 后转为黄灯亮，黄灯亮 2s 后 B 车道禁行，A 车道通行，A 车道绿灯亮 5s 转为黄灯亮，2s 后 A 车道禁行，B 车道通行，依次循环。禁行车道红灯亮。

二、PLC 程序设计

1. 列出 I/O 分配表

根据任务要求分配输入、输出点，见表 5-3。

2. 画出 PLC 接线图

PLC 的外部接线图如图 5-16 所示。

表 5-3

红绿灯控制系统的 I/O 分配表

输　入		输　出	
输入点	输入设备及作用	输出点	输出设备及作用
X0	起动开关	Y0	A 向绿灯
		Y1	A 向黄灯
		Y2	A 向红灯
		Y3	B 向绿灯
		Y4	B 向黄灯
		Y5	B 向红灯

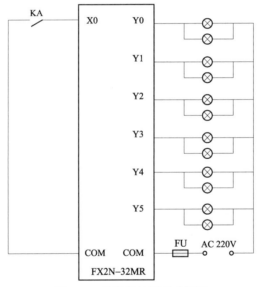

图 5-16　单流程的顺序功能图

3. 设计顺序功能图

（1）工序划分。依据红绿灯变化的规律，将工作过程按时间顺序分解为四个工序，用方形的状态框表示出四个工序，并进行编号，见表 5-4。

（2）动作设置。弄清每个状态的动作和功能，各个状态（或工序）所产生的动作以梯形图的方式画在状态框的右边，如图 5-17（a）所示。

表 5-4

红绿灯控制系统的工序划分

任务分解	工序划分	状态编号
A 车道红灯亮 B 车道绿灯亮 延时 T0 时间	第一工序	S0
A 车道红灯亮 B 车道黄灯亮 延时 T1 时间	第二工序	S20
A 车道绿灯亮 B 车道红灯亮 延时 T2 时间	第三工序	S21
A 车道黄灯亮 B 车道红灯亮 延时 T3 时间	第四工序	S22

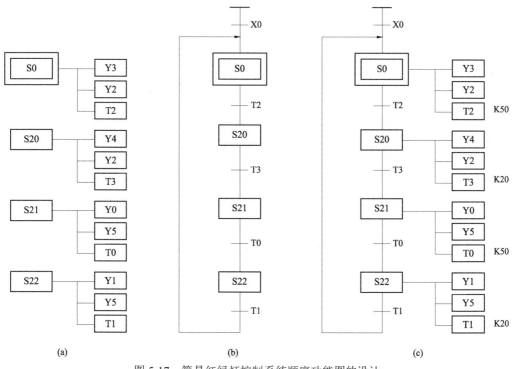

图 5-17　简易红绿灯控制系统顺序功能图的设计

(a) 动作设置；(b) 转换条件设置；(c) 顺序功能图

（3）转换条件设置。找出每个状态的转换条件，并标注在短横线旁边，如图 5-17（b）所示。

（4）绘制顺序功能图。根据红绿灯的状态转换规律和转换条件，绘制顺序功能图，如图 5-17（c）所示。

4. 顺序功能图的转换

根据设计出的顺序功能图转换为梯形图，并列出语句表，如图 5-18（a）、（b）所示。

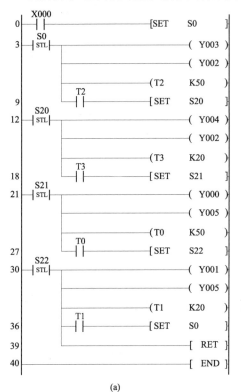

位址	指　　令	位址	指　　令
0	LD　X0	21	STL　S21
1	SET　S0	22	OUT　Y3
3	STL　S0	23	OUT　Y2
4	OUT　Y0	24	OUT　T2,K50
5	OUT　Y5	27	LD　T2
6	OUT　T0, K50	28	SET　S22
9	LD　T0	30	STL　S22
10	SET　S20	31	OUT　Y4
12	STL　S20	32	OUT　Y2
13	OUT　Y1	33	OUT　T3,K20
14	OUT　Y5	36	LD　T3
15	OUT　TI,K20	37	SET　S0
18	LD　T1	39	RET
19	SET　S21	40	END

(a)　　　　　　　　　　　　　　　　(b)

图 5-18　顺序功能图的转换
（a）梯形图；（b）指令语句表

5. 程序录入与调试

将程序输入到 PLC 中，然后进行程序调试。调试过程中要注意各动作顺序，每次操作都要注意监控观察各输出的变化，检查是否实现了系统所要求的功能。

二、选择结构顺序功能图

1. 选择结构的特点

选择结构的顺序功能图，要按不同转移条件选择转向不同分支，执行不同分支后再根据不同转移条件汇合到同一分支，如图 5-19 所示。

2. 选择结构的编程

选择结构的编程与一般编程一样，也必须遵循第二节中已经指出的规则。无论是从分支状态向各个流程分支散转时，还是从各个分支状态向汇合状态汇合时，都要正确使用这些规则。

（1）选择性分支的编程。在图 5-18 中，S20 称为分支状态，它下面有两个分支，根据不同的转移条件 X001 和 X004 来选择转向其中的哪一个分支，这两个分支不能同时被选中。当 X001 接通时，状态将转移到 S21，而当 X004 接通时，状态将转移到 S23，所以要求转移条件 X001 和 X004 不能同时闭合。当状态 S21 或 S23 接通时，S20 就自动复位。

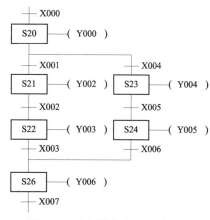

图 5-19　选择结构的顺序功能图

（2）选择汇合的编程。在图 5-19 中，S26 称为汇合状态，状态 S22 或 S24 根据各自的转移条件 X003 或 X006 向汇合状态转移。一旦状态 S26 接通，前一状态 S22 或 S24 就自动复位。

3. 顺序功能图与梯形图的转换

将选择结构的顺序功能图转换为梯形图时，关键是对分支和汇合状态的处理，如图 5-20 所示。

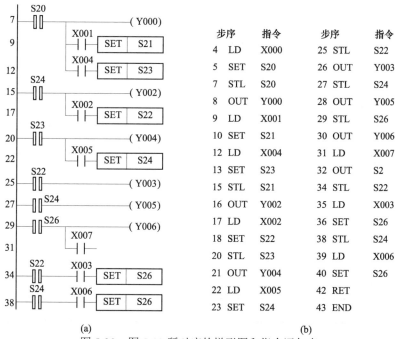

步序	指令		步序	指令	
4	LD	X000	25	STL	S22
5	SET	S20	26	OUT	Y003
7	STL	S20	27	STL	S24
8	OUT	Y000	28	OUT	Y005
9	LD	X001	29	STL	S26
10	SET	S21	30	OUT	Y006
12	LD	X004	31	LD	X007
13	SET	S23	32	OUT	S2
15	STL	S21	34	STL	S22
16	OUT	Y002	35	LD	X003
17	LD	X002	36	SET	S26
18	SET	S22	38	STL	S24
20	STL	S23	39	LD	X006
21	OUT	Y004	40	SET	S26
22	LD	X005	42	RET	
23	SET	S24	43	END	

(a)　　　　　　　　　　　　　　　　　(b)

图 5-20　图 5-19 所对应的梯形图和指令语句表
（a）梯形图；（b）指令语句表

（1）分支状态的处理：先进行分支状态 S20 的驱动连接，再依次按转移条件置位各分支的首转移状态，然后从左至右对首转移状态先负载驱动，后转移处理。

（2）汇合状态的处理：先进行汇合前各分支的最后一个状态 S22、S24 和汇合状态 S26 的驱动连接，再从左至右对汇合状态进行转移连接。可见，每个状态也都两次使用了 STL 指令，第一次是引导状态进行负载驱动，第二次则是为状态转移指示方向。

注意：分支与汇合的处理程序中，不能用 MPS、MRD、MPP、ANB、ORB 指令。

【提高训练】简易洗车控制系统

一、控制要求

（1）若方式选择开关 SA 置于 OFF 状态，当按下启动按钮 SB1 后，则按下列程序动作：执行泡沫清洗→按 SB3 执行清水冲洗→按 SB4 执行风干→按 SB5 结束洗车。

（2）若方式选择开关 SA 置于 ON 状态，当按下启动按钮 SB1 后，则自动按洗车流程执行。其中，泡沫清洗 10s、清水冲洗 20s、风干 5s，结束后回到待洗状态。

（3）任何时候按下 SB2，则所有输出复位，停止洗车。

二、PLC 程序设计

1. 列出 I/O 分配表

根据任务要求分配 I/O，见表 5-5。

表 5-5

简易洗车控制系统的 I/O 分配表

输　　入		输　　出	
输入点	作用	输出点	作用
X0	起动按钮 SB1	Y0	清水清洗驱动 KM1
X1	方式选择开关 SA	Y1	泡沫清洗驱动 KM2
X2	停止按钮 SB2	Y2	风干机驱动 KM3
X3	清水冲洗按钮 SB3		
X4	风干按钮 SB4		
X5	结束按钮 SB5		

2. 画出 PLC 接线图

PLC 的外部接线图如图 5-21 所示。

3. 设计顺序功能图

（1）工序划分。依据说明控制系统分为两种功能，而每种功能有三种依 SB 按钮或设定时间而顺序执行的状态。手动、自动只能选择其一，因此使用选择分支来做。

（2）动作设置。弄清每个状态的动作和功能，各个状态（或工序）所产生的动作以梯形图的方式画在状态框的右边。

（3）转换条件设置。找出每个状态的转换条件，并标注在短横线旁边。

（4）绘制顺序功能图。根据转换规律和转换条件，绘制顺序功能图。如图 5-22 所示。

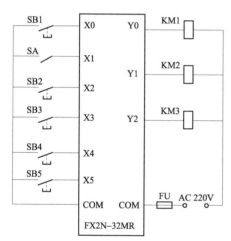

图 5-21　PLC 外部接线图　　　图 5-22　简易洗车控制系统的顺序功能图

4. 顺序功能图的转换

根据设计出的顺序功能图转换为梯形图，并列出语句表，如图 5-23（a）、（b）所示。

5. 程序录入与调试

将程序输入到 PLC 中，然后进行程序调试。调试过程中要注意各动作顺序，每次操作都要注意监控观察各输出的变化，检查是否实现了系统所要求的功能。

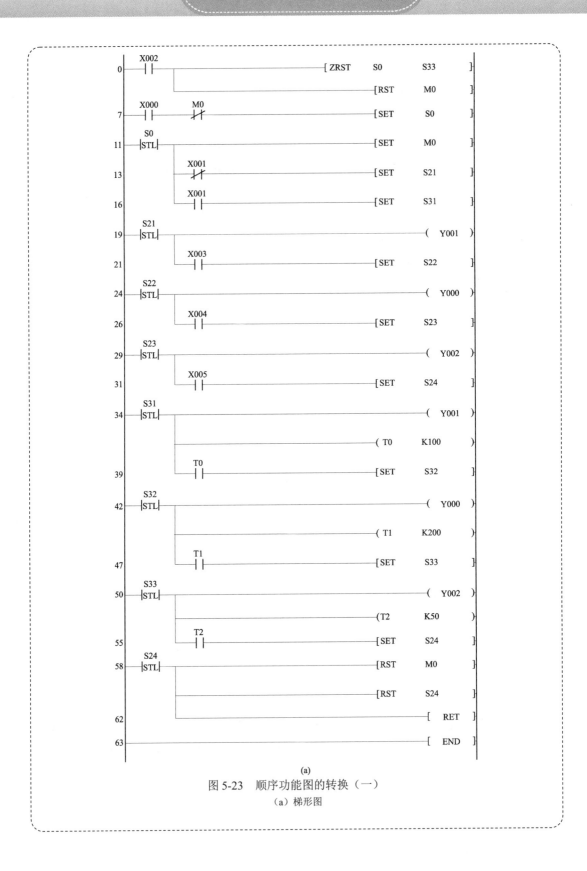

(a)

图 5-23　顺序功能图的转换（一）

（a）梯形图

位址	指	令	位址	指	令	位址	指	令
0	LD	X2	22	SET	S22	43	OUT	Y0
1	ZRST	S0,S33	24	STL	S22	44	OUT	T1,K200
6	RST	M0	25	OUT	Y0	47	LD	T1
7	LD	X0	26	LD	X4	48	SET	S33
8	ANI	M0	27	SET	X4	50	STL	S33
9	SET	S0	29	STL	S23	51	OUT	Y2
11	STL	S0	30	OUT	Y2	52	OUT	T2,K50
12	SET	M0	31	LD	X5	55	LD	T2
13	LDI	X1	32	SET	S24	56	SET	S24
14	SET	S21	34	STL	S31	58	STL	S24
16	LD	X1	35	OUT	Y1	59	RST	M0
17	SET	S31	36	OUT	T0,K100	60	RST	S24
19	STL	S21	39	LD	T0	62	RET	
20	OUT	Y1	40	SET	S32	63	END	
21	LD	X3	42	STL	S32T			

(b)

图 5-23　顺序功能图的转换（二）

（b）指令语句表

三、并行结构顺序功能图

1. 并行结构的特点

　　并行结构的顺序功能图，按同一转移条件同时转向几个分支，执行不同的分支后再汇合到同一分支，如图 5-24 所示。

2. 并行结构的编程

　　并行结构状态的编程与一般状态编程一样，先进行负载驱动，后进行转移处理，转移处理从左到右依次进行。无论是从分支状态向各个流程分支并行转移时，还是从各个分支状态向汇合状态同时汇合时，都要正确使用这些规则。

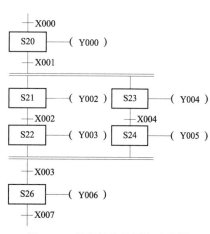

图 5-24　并行结构的顺序功能图

在图 5-24 中，S20 称为分支状态，它下面有两个分支，当转移条件 X001 接通时，两个分支将同时被选中，并同时并行运行。当状态 S21 和 S23 接通时，S20 就自动复位。

在图 5-24 中，S26 为汇合状态，当两条分支都执行到各自最后状态时，S22 和 S24 会同时接通。此时，若转移条件 X003 接通，将一起转入汇合状态 S26。一旦状态 S26 接通，前一状态 S22 和 S24 就自动复位。用水平双线来表示并行分支，上面一条表示并行分支的开始，下面一条表示并行分支的结束。

3. 顺序功能图与梯形图的转换

将并行结构的顺序功能图转换为梯形图时，关键是对并行分支和并行汇合编程处理，如图 5-25 所示。

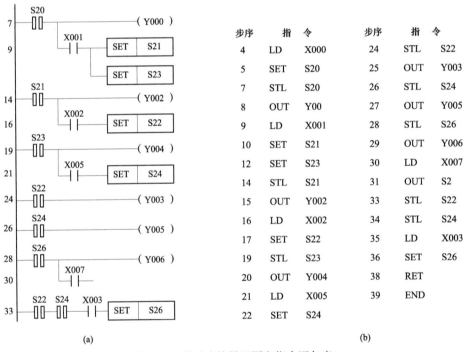

(a)　　　　　　　　　　　　　　　　　　　(b)

图 5-25　所对应的梯形图和指令语句表

(a) 梯形图；(b) 指令语句表

（1）并行分支的处理。先进行分支状态 S20 的驱动连接，再按转移条件 X001 同时置位各分支的首转移状态 S21 和 S23，这是通过连续使用 SET 指令来实现的。再从左至右对首转移状态先负载驱动，后转移处理。对并行汇合的编程：先进行汇合前各分支的最后一个状态和汇合状态的驱动连接，再从左至右对汇合状态进行同时转移连接，这是通过串联的 STL 接点来实现的。各分支的最后一个状态都两次使用了 STL 指令。

（2）并行汇合的处理。两分支至 S22 和 S24 时，将向 S26 汇合。先进行汇合前状态 S22、S24 和汇合状态 S26 负载驱动，后从左至右向汇合状态 S26 转移。图中 S22 和 S24 都两次使用 STL 接点，这是并行汇合梯形图的特点。第一次是引导状态进行负载驱动，第二次 STL 接点串联则表示状态转移的特点。只有左右两个分支均运行到最后状态 S22 和 S24，且转移条件 X003 接通，才能转移至汇合状态 S26。在汇合程序中，这种连续的 STL 指令最多能使用 8 次。

【提高训练】双面镗孔专用镗床

一、控制要求

工件装入夹具后，左右两个动力滑台同时运动加工，同时进入快进工步，刀具电动机起动工作。以后两个动力滑台的工作独立进行，直到两侧都加工完、都退回到原位，松开工件，加工结束。专用镗床工作示意图如图 5-26 所示。

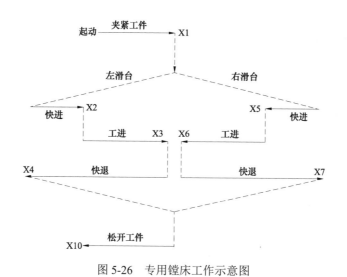

图 5-26　专用镗床工作示意图

二、PLC 程序设计

1. 列出 I/O 分配表

根据控制要求进行 I/O 分配，见表 5-6。

表 5-6

双面镗孔专用镗床的 I/O 分配表

输　　入		输　　出	
输入点	作用	输出点	作用
X0	起动按钮	Y0	夹紧
X1	已夹紧	Y1	左侧快进
X2	左侧快进结束	Y2	左侧工进
X3	左侧工进结束	Y3	左侧快退
X4	左侧起点	Y4	右侧快进
X5	右侧快进结束	Y5	右侧工进
X6	右侧工进结束	Y6	右侧快退
X7	右侧起点	Y7	松开
X10	已松开		

2. 画出 PLC 接线图

PLC 的外部接线图如图 5-27 所示。

3. 设计顺序功能图

（1）　工序划分。

第一步：按起动 X0，工件夹紧；

第二步：压力继电器 X1 ON，快进；

第三步：到 X2，X5 工进；

第四步：到 X3，X6 快退；

第五步：到 X4，X7 松开工件；

第六步：X10 ON，一次加工完成。

（2）　绘制顺序功能图。根据控制要求绘制顺序功能图，如图 5-28 所示。

4. 顺序功能图的转换

将顺序功能图转换为梯形图，如图 5-29 所示。

串联 STL 触点不能超过 8 个，即并行序列中的分支不能超过 8 个。STL 触点一般在梯形图中只能使用一次，并行序列例外，在并行合并时又出现了一次。

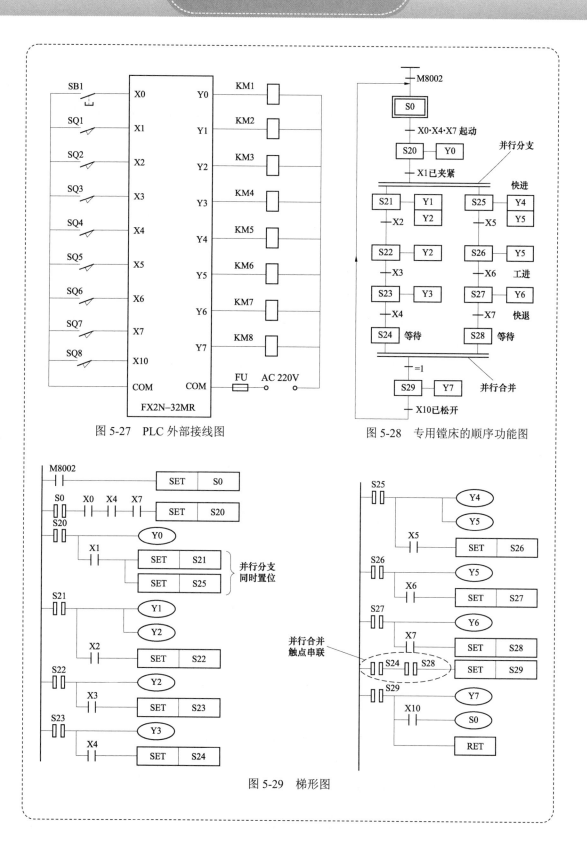

图 5-27 PLC 外部接线图

图 5-28 专用镗床的顺序功能图

图 5-29 梯形图

149

5. 程序录入与调试

将程序输入到 PLC 中，然后进行程序调试。调试过程中要注意各动作顺序，每次操作都要注意监控观察各输出的变化，检查是否实现了系统所要求的功能。

四、复合结构的顺序功能图

1. 选择后的并行分支与并行后的选择分支顺序功能图处理

前面已经介绍了三种基本结构流的顺序功能图，实际的 PLC 的顺序功能图中也有不能拆分成基本结构的组合。在分支与汇合流程中，各种汇合的汇合线或汇合线前的状态上都不能直接进行状态的跳转。但是，按实际需要而设计的 SFC 中可能会碰到这种不能严格拆分成基本结构的情况，如图 5-30（a）和图 5-31（a）所示。这样的分支与汇合的组合流程是不能直接编程的，在 FXGP 软件中对它们转换时将会提示 SFC 图出错。

这时，可以通过插入一个假想的中间状态，以改变直接从汇合线到下一个分支线的状态转移，使之变换成可编程的基本结构流程，如图 5-30（b）和图 5-31（b）所示。

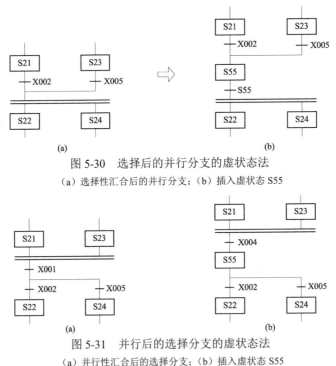

图 5-30　选择后的并行分支的虚状态法
（a）选择性汇合后的并行分支；（b）插入虚状态 S55

图 5-31　并行后的选择分支的虚状态法
（a）并行性汇合后的选择分支；（b）插入虚状态 S55

2. 循环结构的顺序功能图处理

有时候状态之间的转移并非连续的，而是要向非相邻的状态转移，称为状态的跳转。

利用跳转返回某个状态重复执行一段程序，称为循环。循环又可以分为单循环、条件循环和多重循环等。

图 5-31（a）为单循环。程序运行至 S26 时，若转移条件 X004 接通，则程序将跳转到上面的 S21，并重复执行其下的一段程序，进行循环。从 S26 到 S21 的跳转一旦完成，状态 S26 就自动复位。图 5-32（b）为对应的指令表，注意到步序 25 是用 OUT，而不是 SET。即所有跳转，无论是同一分支内跳转，还是不同分支间跳转，都必须用 OUT 驱动；而相邻状态间的连续转移则是用 SET 驱动的，这是跳转和转移的根本区别。

图 5-33（a）所示为条件循环。程序运行至状态 S22 时，若转移条件 X004 接通，则程序将跳转到前面的状态 S21，如同单循环一样。从 S22 到 S21 的跳转一旦完成，状态 S22 就自动复位。若转移条件 X003 接通，则将跳出循环，程序继续向下执行。可见，X003 是循环的结束条件，此条件可以使用计数器的接点，来控制循环的次数。从 S22 到 S26 的转移一旦完成，状态 S22 就自动复位。图 5-33（b）所示即为对应的指令表，因为是跳转，步序 23 也是用 OUT 指令，而不是用 SET 指令。

步序	指	令	步序	指	令
7	STL	S20	17	STL	S22
8	OUT	Y000	18	OUT	Y003
9	LD	X001	19	LD	X003
10	SET	S21	20	SET	S26
12	STL	S21	22	STL	S26
13	OUT	Y002	23	OUT	Y006
14	LD	X002	24	LD	X004
15	SET	S22	25	OUT	S21

(a) 　　　　　　　　　　(b)

图 5-32　单循环的顺序功能图

（a）单循环；（b）指令表

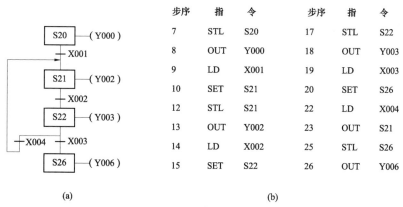

步序	指	令	步序	指	令
7	STL	S20	17	STL	S22
8	OUT	Y000	18	OUT	Y003
9	LD	X001	19	LD	X003
10	SET	S21	20	SET	S26
12	STL	S21	22	LD	X004
13	OUT	Y002	23	OUT	S21
14	LD	X002	25	STL	S26
15	SET	S22	26	OUT	Y006

(a) 　　　　　　　　　　(b)

图 5-33　条件循环的顺序功能图

（a）单循环；（b）指令表

3. 跳转与重复的顺序功能图处理

向下面状态的直接转移或向程序外的状态转移被称为跳转，用符号↓指向转移的目标状态，如图 5-34 所示。

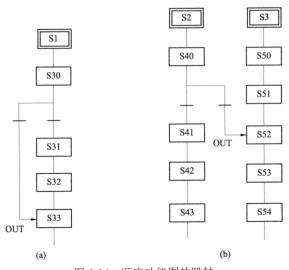

图 5-34　顺序功能图的跳转

（a）向下方的跳转；（b）向程序外的跳转

向前面状态进行转移的流程称为重复，用↓指向转移的目标状态。使用重复流程可以实现一般的重复，也可以对当前状态复位，如图 5-35 所示。

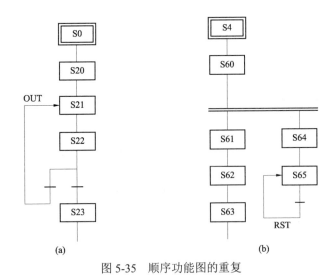

图 5-35　顺序功能图的重复

（a）向上方的重复；（b）复位处理

【提高训练】气压式冲孔加工件控制系统

一、控制要求

气压式冲孔加工机控制系统，如图 5-36 所示，具体要求如下：

（1）右边是传送带，由 M0 电动机驱动，用来传送工件，在图最右边由人工补充工件。工件的补充、冲孔、测试及搬运可同时进行。

（2）转盘由 M1 电动机驱动，转盘上有四个工件固定位置。PH0 是工件检测传感器，可检测是否有工件需要加工，如果有工件放在该位置，工件检测传感器的开关触点动作。PH1 是转盘定位传感器，若该传感器动作，说明工件已到达加工位置，则使转盘停止转动。

（3）气压冲孔机，可对工件进行孔加工。上面设有两个限位开关，下限位开关 MS0 和上限位开关 MS1。

（4）工件的搬运分合格品及不合格品两种，由测孔部分判断。若工件的孔深超出设定的标准，则该工件为不合格品。上面设有两个限位开关，下限位开关 MS2 和上限位开关 MS3。

（5）不合格品在测孔完毕后，由 A 缸抽离隔离板，让不合格的工件自动掉入废料箱；若为合格品，则在工件到达搬运点后，由 B 缸抽离隔离板，让合格的工件自动掉入包装箱。

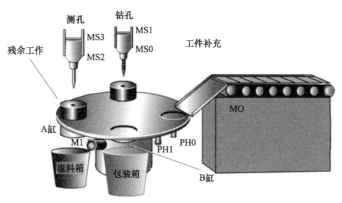

图 5-36　气压式冲孔加工机控制系统

二、PLC 程序设计

1. 列出 I/O 分配表

I/O 地址通道分配见表 5-7。

表 5-7

I/O 地址通道分配表

输　　入		输　　出	
输入点	作用	输出点	作用
X0	停止按钮	Y0	传送带驱动电动机 M0
X1	启动按钮	Y1	转盘驱动电动机 M1
X2	工件检测传感器 PH0	Y2	A 缸控制
X3	定位传感器 PH1	Y3	B 缸控制
X4	钻孔机下限位传感器 MS0	Y4	气压冲孔机
X5	钻孔机上限位传感器 MS1	Y5	测孔机
X6	测孔机下限位传感器 MS2		
X7	测孔机上极限传感器 MS3		

2. PLC 接线图

如图 5-37 所示为气压式冲孔加工机控制系统接线图。

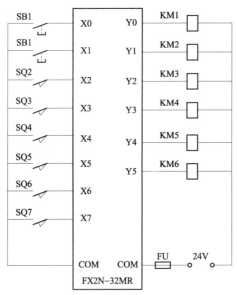

图 5-37　气压式冲孔加工机控制系统接线图

3. 绘制顺序功能图

（1）原点复位流程如图 5-38 所示。

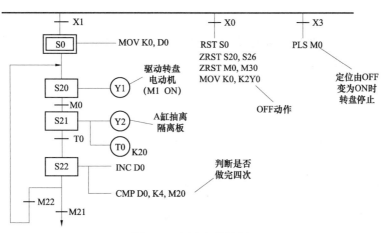

图 5-38 原点复位流程

（2）工件补充流程如图 5-39 所示。

（3）气压冲孔流程如图 5-40 所示。

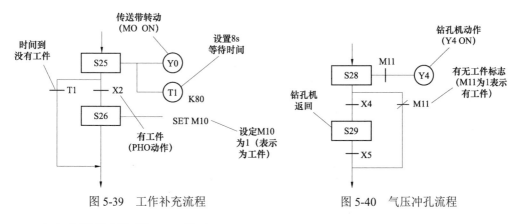

图 5-39 工作补充流程

图 5-40 气压冲孔流程

（4）测孔流程如图 5-41 所示。

（5）工件搬运流程如图 5-42 所示。

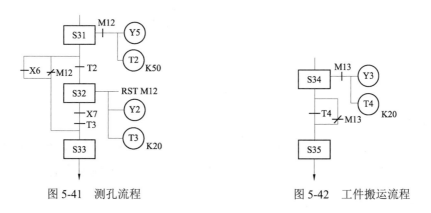

图 5-41 测孔流程

图 5-42 工件搬运流程

4. 梯形图设计

将各个功能的流程块组合起来，完成顺序功能图，如图 5-43 所示，并转换为对应的梯形图，如图 5-44 所示。

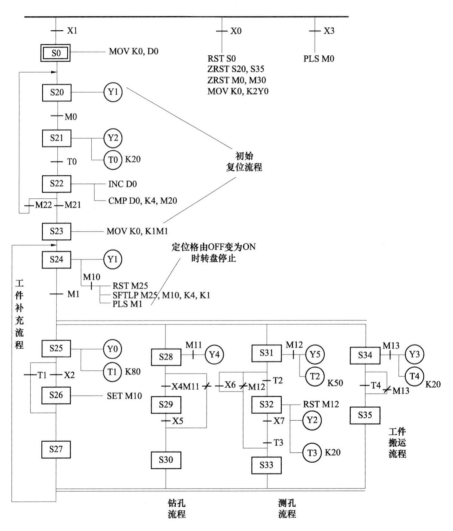

图 5-43　气压式冲孔加工机控制系统的顺序功能图

5. 程序录入与调试

将程序输入到 PLC 中，然后进行程序调试。调试过程中要注意各动作顺序，每次操作都要注意监控观察各输出的变化，检查是否实现了系统所要求的功能。

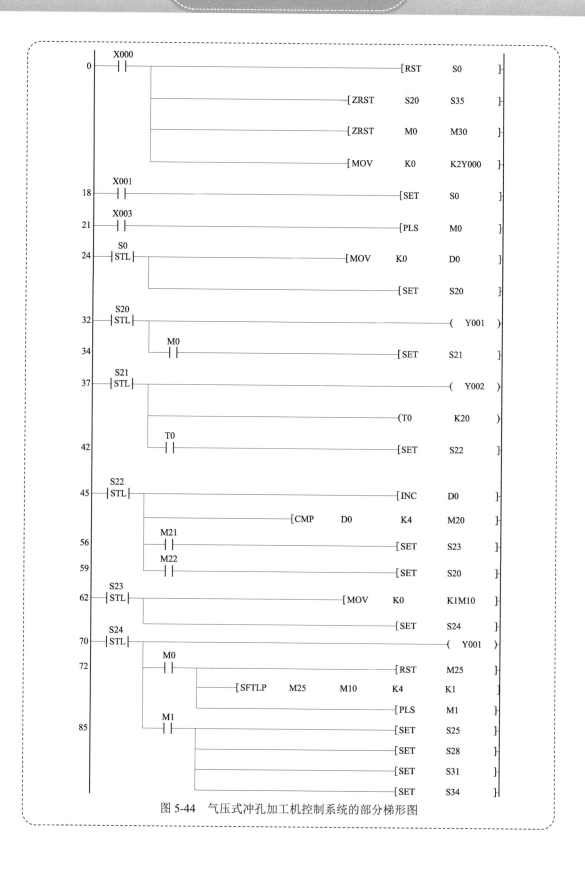

图 5-44　气压式冲孔加工机控制系统的部分梯形图

第六章　功能指令及应用

PLC 的基本指令主要用于逻辑处理，这些指令是基于继电器、定时器、计数器等软元件的指令。作为工业控制用的计算机，PLC 仅仅具有基本指令是不够的，现代工业控制在许多场合需要数据处理及通信，所以产生了 PLC 的功能指令。

PLC 功能指令主要用于实现数据的传送、运算、变换及程序控制等功能。FX2N 系列 PLC 的功能指令大致可以分为程序流向控制、数据传送与比较、算术与逻辑运算、数据循环与移位、数据处理、高速处理、方便控制和外部设备通信等。

第一节　功能指令的基本知识

一、位元件和字元件

1. 位元件

我们知道，输入继电器 X、输出继电器 Y、辅助继电器 M 和状态继电器 S 等元件，它们在 PLC 的内部反映的是"位"的变化，主要用于开关量信息的传递、变换以及逻辑处理，我们把这些元件称为"位元件"。"位元件"只有闭合和断开两种状态（即 0 和 1）。

2. 字元件

由于功能指令的引入，需要处理大量的数据信息，需设置大量的用于存储数值数据的软元件，如各类存储器。另外，一定量的软元件组合在一起也可作为数据的存储。上述这些能处理数值数据的元件称为"字元件"。

3. 位组合元件

位组合元件是一种字元件。位元件的组合由 Kn 加首元件来表示。每 4 个位元件为一组，组合成一个单元。例如，KnX0 表示位组合元件是由从 X0 开始的 n 组（4n 个）位元件组合而成的。若 n 为 1，则 K1X0 是由 X3、X2、X1、X0 四位输入继电器组合而成的。若 n 为 3，则 K2X0 是由 X0～X7、X10～X13 共十二位输入继电器组合而成的。

在采用"Kn+首元件编号"方式组合成字元件时，首元件可以任选，但为了避免混乱，通常选尾数为 0 的元件为首元件，如 X0、X10、X20 等。

二、功能指令的格式

功能指令主要由功能指令助记符和操作元件（操作数）两大部分组成，其格式如图 6-1 所示。

图 6-1　FX2N 系列 PLC 功能指令的格式

1. 助记符

FX2N 系列 PLC 的功能指令按功能号 FNC00-FNC246 编排，每条功能指令都有一个对应的指令助记符（大多用英文名称或缩写表示），它在很大程度上反映该指令的功能特征。

例如，助记符为"MOV"的功能指令指的是"传送指令"，它的功能号为"FNC12"。

功能指令的助记符和功能号是一一对应的。在使用功能指令编写梯形图程序时，若采用智能编程器或在计算机上编程，只需要输入该指令的助记符即可。若使用手持式简易编程器，通常是键入该指令的功能号。

2. 操作数

操作数是指功能指令涉及或产生的数据。大多数功能指令有 1～4 个操作数，而有的功能指令却没有操作数。操作数可分为源操作数、目标操作数及其他操作数，如图 6-2 所示。

图 6-2　操作数应用举例（一）

操作数从根本上讲是参加运算数据的地址。地址是依元件的类型分布在存储区中的。由于不同指令对参与操作的元件的类型有不同的限制，因此，操作数的取值就有一定的范围。正确地选取操作数类型，对正确使用指令有很重要的意义。

（1）源操作数：是指令执行后不改变其内容的操作数，用[S]表示。当有多个源操作数时，可用[S1]、[S2]、[S3]分别表示。另外，[S•]表示允许变址寻址的源操作数。

在图 6-2 中，功能指令 ADD 的源操作数是 K100、K200。该功能指令将 K100 和 K200 这两个常数进行加法运算。

（2）目标操作数：是指令执行后将改变其内容的操作数，用[D]表示。当目标操作元件不止一个时，可用[D1]、[D2]、[D3]分别表示。另外，[D•] 表示允许变址寻址的目标操作数。

在图 6-2 中，功能指令 ADD 的目标操作元件是数据寄存器 D30。

（3）其他操作数：常用来表示常数或对源操作数或目标操作数做出补充说明。表示常数时，K 为十进制数，H 为十六进制数。如图 6-3 所示中 K3 就表示十进制数 3。

图 6-3　操作数应用举例（二）

3. 数据长度

功能指令按处理数据的长度分为 16 位指令和 32 位指令，其中 32 位指令在助记符前加“D”。例如，“DMOV”是指 32 位指令，“MOV”是 16 位指令。

4. 执行形式

功能指令的执行形式有脉冲执行型和连续执行型两种。例如，“MOVP”（有“P”）为脉冲执行型，表示在执行条件满足时仅仅执行一个扫描周期；而“MOV”（没有“P”）为连续执行型，表示在执行条件满足时，每一个扫描周期都要执行一次。执行形式对数据处理有很重要的意义，请特别注意区分。

三、数据寄存器（D）和变址寄存器（V、Z）

1. 数据寄存器（D）

数据寄存器是用来存储 PLC 进行输入输出处理、模拟量控制、位置量控制时的数据和参数的。数据寄存器可分为通用型、断电保持型和特殊型三种。

（1）通用数据寄存器包括 D0～D199 共 200 点，一旦写入数据，只要不再写入其他数据，其内容就不会发生变化。

（2）断电保持数据寄存器包括 D200～D7999 共 7800 点，只要不改写，无论 PLC 是从运行到停止，还是停电状态，断电保持型数据寄存器都将保持原有数据。

（3）特殊数据寄存器包括 D8000～D8255 共 256 个点，主要供监控机内元件的运行方式用。

元件说明：

（1）数据寄存器按十进制编号。

（2）数据寄存器为 16 位，每位都只有"0"或"1"两个数值。其中，最高位为符号位，其余为数据位，符号位的功能是指示数据位的正、负；符号位为 0 表示数据位的数据为正数，符号位为 1 表示数据为负数，如图 6-4 所示。

一个数据寄存器可以存储 16 位数据，相邻的两个数据寄存器组合起来，可以存储 32 位的数据。

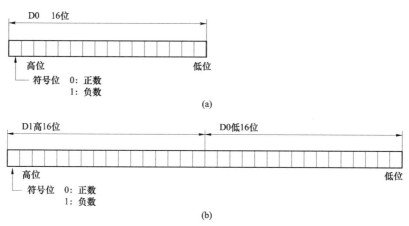

图 6-4　数据寄存器的数据长度

（a）16 位数据示意图；（b）32 位数据示意图

（3）通用数据寄存器在 PLC 由 RUN→STOP 时，其数据全部清零。如果将特殊继电器 M8033 置 1，则 PLC 由 RUN→STOP 时，数据可以保持。

（4）保持数据寄存器只要不被改写，原有数据就不会丢失，不论电源接通与否，PLC 运行与否，都不会改变寄存器的内容。

（5）特殊数据寄存器用来监控 PLC 的运行状态，如扫描时间、电池电压等。

2. 变址寄存器（V、Z）

变址寄存器和通用的数据寄存器一样，是进行数据、数值的读、写的一种 16 位特殊用途的数据寄存器，相当于微机中的变址寄存器，主要用于运算操作数地址的修改，FX2N 的 V 和 Z 各 8 个点，分别为 V0～V7、Z0～Z7。

需要进行 32 位操作时，可将 V、Z 串联使用，Z 为低位，V 为高位，如图 6-5 所示。

根据 V 与 Z 的内容进行修改元件地址号，成为元件的变址。可以使用变址寄存器进行变址的元件是 X、Y、M、S、T、C、P、D、K、H、KnX、KnY、KnM、KnS。这时，操作数的实际地址是现地址加上变址寄存器 V 或 Z 内所存的地址。例如，如果 V2=26，则 K100V2 为 K126（100+26=126）；如果 V4=16，则 D10V4 变为 D26（10+16=26）。但是，变址寄存器不可以修改 V 和 Z 本身或位数制定用的 Kn 参数。例如，K2M0Z2 有效，而 K2Z2M0 则是无效的。如图 6-6 所示为变址寄存器的应用。执行程序时，若 X0 为 ON 的状态，则 D15 和 D26 的数据都是 K20。

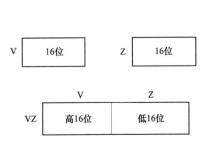

图 6-5　变址寄存器（V，Z）的组合使用

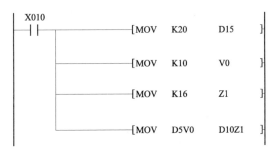

图 6-6　变址寄存器的应用

四、数制与码制

1. 基本概念

所谓数码，就是数制中表示基本数值大小的不同的数字符号。例如，二进制有两个数码：0、1；十进制有 10 个数码：0、1、2、3、4、5、6、7、8、9。

基数，就是指数制中所使用数码的个数。例如，二进制的基数为 2；十进制的基数为 10。

位权，是指数制中某一位上的 1 所表示数值的大小（所处位置的价值）。例如，十进制的 123，1 的位权是 100，2 的位权是 10，3 的位权是 1。二进制中的 1011，从高位开始，第一个 1 的位权是 8，0 的位权是 4，第二个 1 的位权是 2，第三个 1 的位权是 1。

2. 常用的基本数制

在计数的规则中，人们使用最多的进位计数制中，表示数的符号在不同的位置上时所代表的数的值是不同的。

十进制是人们日常生活中最熟悉的进位计数制，十进制用 D（decimal）来表示。在十进制中，数用 0、1、2、3、4、5、6、7、8、9 这十个符号来描述。计数规则是逢十进一。

二进制是在计算机系统中采用的进位计数制，二进制用 B（binary）来表示。在二进制中，用 0 和 1 两个符号来描述。计数规则是逢二进一。

八进制用 O（octal）来表示，八进制中包括 0、1、2、3、4、5、6、7 这八个符号。计数规则是逢八进一。

十六进制是人们在计算机指令代码和数据的书写中经常使用的数制，十六进制用 H（hexadecimal）来表示。在十六进制中，数用 0、1、…、9 和 A、B、…、F 等 16 个符号来描述。计数规则是逢十六进一。

3. 其他进制转换为十进制

方法：将其他进制按权位展开，然后各项相加，就得到相应的十进制数。例如，将二进制的 11010 转换为十进制数的方法为

$$(11010)_2 = 1 \times 2^4 + 1 \times 2^3 + 0 \times 2^2 + 1 \times 2^1 + 0 \times 2^0$$

$$= 16 + 8 + 2$$

$$= (26)_{10}$$

4. 将十进制转换为其他进制

方法：把要转换的数除以新的进制的基数，把余数作为新进制的最低位；把上一次得的商再除以新的进制基数，把余数作为新进制的次低位；继续上一步，直到最后的商为零，这时的余数就是新进制的最高位。

例如，将十进制的 58 转化为二进制，需要连除以 2 取余数，得

$$(58)_{10} = (111010)_2$$

5. 二进制与八进制、十六进制的相互转换

二进制转换为八进制、十六进制的方法：它们之间满足 23 和 24 的关系，因此把要转换的二进制从低位到高位每 3 位或 4 位一组，高位不足时在有效位前面添 "0"，然后把每组二进制数转换成八进制或十六进制即可。

八进制、十六进制转换为二进制时，把上面的过程逆过来即可。例如：

八进制：	2	5	7	·	0	5	5	4
二进制：	010	1 01	111	·	000 1	01 10	1 100	
十六进制：	A		F	·	1	6	C	

几种常用进制之间的对应关系见表 6-1。

表 6-1

几种常用进制之间的对应关系

十进制数	二进制数	八进制数	十六进制数
0	00000	0	0
1	00001	1	1
2	00010	2	2
3	00011	3	3
4	00100	4	4
5	00101	5	5
6	00110	6	6
7	00111	7	7
8	01000	10	8
9	01001	11	9
10	01010	12	A
11	01011	13	B
12	01100	14	C
13	01101	15	D
14	01110	16	E
15	01111	17	F

6. 常用的码制

原码是用"符号+数值"表示的，对于正数，符号位为 0，对于负数，符号位为 1，其余各位表示数值部分。

在反码中，对于正数，其反码表示与原码表示相同；对于负数，符号位为 1，其余各位是将原码数值按位取反。

在补码中，对于正数，其补码表示与原码表示相同；对于负数，符号位为 1，其余各位是在反码数值的末位加"1"。

第二节　数据传送类指令

一、MOV、BMOV 指令

1. MOV

MOV 是数据传送指令，有 16 位操作 MOV、MOV（P）和 32 位操作（D）MOV、

（D）MOV（P）两种形式，16 位操作时占 5 个程序步，32 位操作时占 9 个程序步。

指令功能是将源操作数 S 传送到目标元件 D 中。如果源操作数据是十进制常数，则 CPU 自动将其转换成二进制数后再传送到目标元件中。如图 6-7 所示是 MOV 指令的应用格式和操作数的范围，其功能是当 X2 闭合时将常数 10 传送到 D20 中。

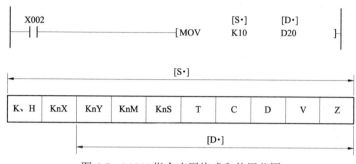

图 6-7 MOV 指令应用格式和使用范围

2. BMOV

BMOV 是数据块传送指令，其功能是将以源操作数为首址的 n 个连续单元内的数据传送到以目标元件 D 为首址的 n 个连续单元中去。

如图 6-8 所示为 BMOV 指令的应用，当 X10 闭合时指令执行，将 D0～D5 内的 6 个数据分别传送到 D20～D25 中。

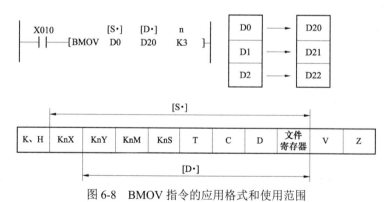

图 6-8 BMOV 指令的应用格式和使用范围

使用注意：

（1）BMOV 指令中的源操作数与目标操作数是位组合元件时，要采用相同的位数，如图 6-9 所示。

图 6-9 BMOV 指令操作数是位组合元件

（2）利用 BMOV 指令可以将文件寄存器（D1000～D7999）中的数据读出并传送到目标元件中。

二、XCH 指令

XCH 是数据交换指令，有 16 位操作 XCH、XCH（P）和 32 位操作（D）XCH、（D）XCH（P）两种形式。

其功能是将指定的两个同类目标元件内的数据相互交换。如图 6-10 所示为 XCH 指令的应用格式与范围。

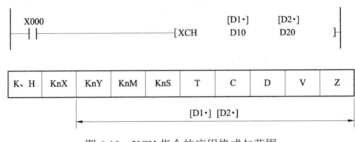

图 6-10　XCH 指令的应用格式与范围

XCH 指令的应用如图 6-11 所示。

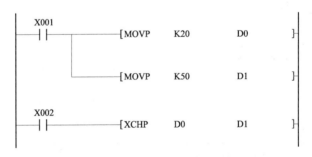

图 6-11　XCH 指令的应用

在图 6-11 中，当 X1 为 ON 时，将十进制数 20 传送给 D0，十进制数 50 传送给 D1；当 X2 为 ON 时，执行数据交换指令 XCH，将目标元件 D0、D1 里的数据进行交换，则 D0 中的数据为 50，D1 中的数据为 20。

三、BCD 与 BIN 指令

1. BCD

BCD 是二-十进制转换指令，有 16 位操作 BCD、BCD（P）和 32 位操作（D）BCD、

（D）BCD（P）两种形式。

指令功能是将二进制源操作数 S 转换成 BCD 码，结果存放在目标元件 D 中。转换后的 BCD 码可直接输出到七段数码管显示，但其转换范围不能超过 0～9999（16 位）或 0～99999999（32 位），否则会出错。

如图 6-12 所示为 BCD 码变换指令的应用格式和使用范围。当 X010 接通时，将执行 BCD 码变换指令，即将 D0 中的二进制数转换成 BCD 码，然后将低八位内容送到 Y0～Y7 中去。其执行过程如图 6-13 所示。

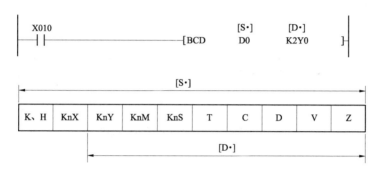

图 6-12　BCD 码变换指令的应用格式和使用范围

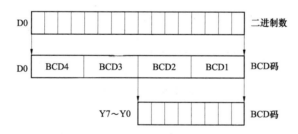

图 6-13　BCD 码变换指令执行示意图

2. BIN

BIN 是十-二进制转换指令，有 16 位操作 BIN，BIN（P）和 32 位操作（D）BIN，（D）BIN（P）两种形式。

其功能是将源操作数内的 BCD 码数据转换成二进制数据并保存到目标元件中。被转换的 BCD 码数据可以直接从拨码盘输入。必须注意的是：源操作数内必须是 BCD 码数据，否则出错。

如图 6-14 所示为 BIN 指令的应用格式与使用范围。当 X10 接通时，将执行 BIN

变换指令，把从 X17~X10 上输入的两位 BCD 码，变换成二进制数，传送到 D0 的低八位中；把从 X27~X20 上输入的两位 BCD 码，变换成二进制数，传送到 D0 的高八位中。

指令执行过程如图 6-15 所示，设输入的 BCD 码为 63，如果直接输入，是二进制 01100011（十进制 99），就会出错。如用 BIN 变换指令输入，将会先把 BCD 码 63 转化成二进制 00111111，就不会出错了。

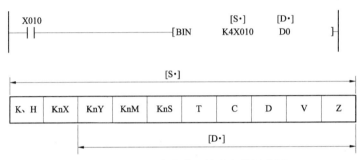

图 6-14　BIN 指令的应用格式与使用范围

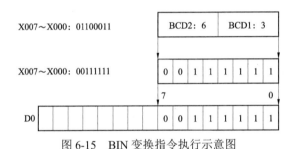

图 6-15　BIN 变换指令执行示意图

【提高训练】用 PLC 实现丫-△降压启动的控制

一、控制要求

如图 6-16 所示为继电器接触器实现的丫-△降压启动控制，按下启动按钮，先进行丫降压启动，时间为 5s，启动结束后，定子绕组接成△正常运行；按下停止按钮，电动机停止转动。

二、PLC 程序设计

1. I/O 地址通道分配

I/O 地址通道分配见表 6-2。

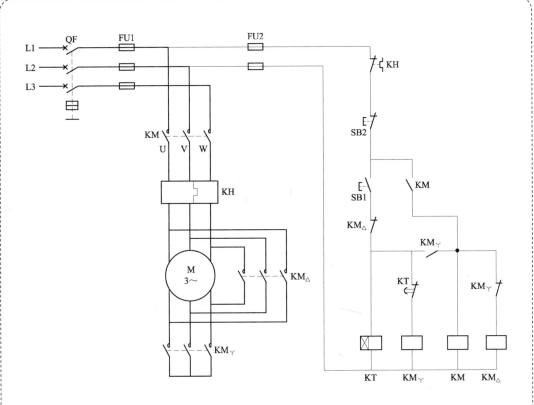

图 6-16　丫-△降压启动控制线路图

表 6-2

I/O 分配表

输　入			输　出		
输入点	输入元件	作用	输出点	输出元件	作用
X1	SB1	起动按钮	Y1	KM1	主交流接触器
X2	SB2	停止按钮	Y2	KM2	丫交流接触器
			Y3	KM2	△交流接触器

2. PLC 接线图

丫-△降压起动控制 PLC 接线图如图 6-17 所示。

SB1
SB2
X1
X2
Y1
Y2
Y3
COM
COM
KM1
KM2
KM3
KM3
KM2
AC 220V
FU

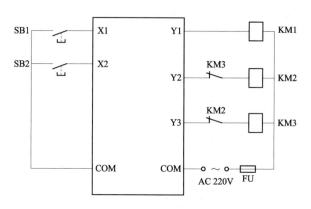

图 6-17　Y-△降压起动控制 PLC 接线图

3. PLC 梯形图控制程序

用数据传送类指令实现的Y-△降压起动控制梯形图如图 6-18 所示。

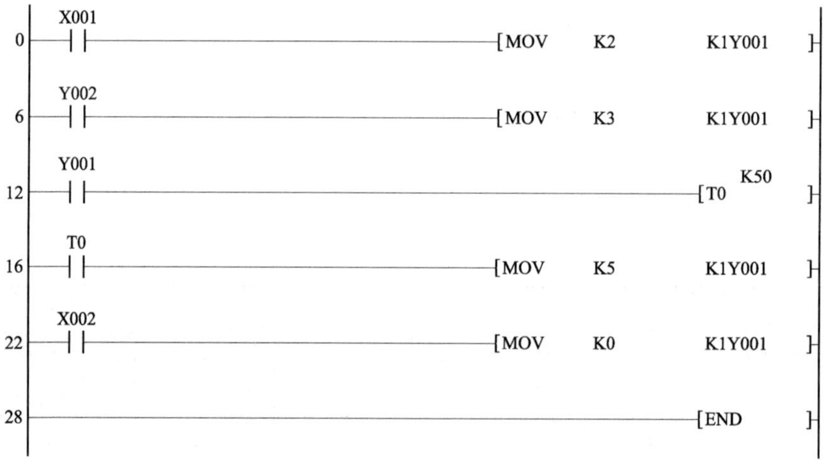

X001
0
[MOV K2 K1Y001]
Y002
6
[MOV K3 K1Y001]
Y001
12
[T0 K50]
T0
16
[MOV K5 K1Y001]
X002
22
[MOV K0 K1Y001]
28
[END]

图 6-18　功能指令实现的Y-△降压起动控制梯形图

4. 程序录入与调试

将程序输入到 PLC 中，然后进行程序调试。调试过程中要注意各动作顺序，每次操作都要注意监控观察各输出的变化，检查是否实现了系统所要求的功能。

第三节　数据比较类指令

一、CMP 指令

CMP 是数据比较指令，有 16 位操作和 32 位操作两种形式。

其功能是将源操作数 S1 与 S2 进行比较，结果用 3 个地址连续的目标位元件的状态来表示，如图 6-19 所示。当条件 X0=ON 时，执行 CMP，目标元件由 M10 为首地址的三位来表示（即 M10、M11、M12 三个位元件组成），指令执行后有三种可能的结果：

若 ［S1·］＞［S2·］，则 M10 置 1；

若 ［S1·］＝［S2·］，则 M11 置 1；

若 ［S1·］＜［S2·］，则 M12 置 1。

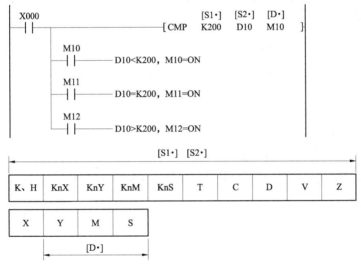

图 6-19　CMP 指令的应用格式和使用范围

使用说明：

（1）不执行指令操作时，目标元件状态保持不变，除非用 RST 指令将其复位。

（2）目标元件只能是 Y、M、S。

二、ZCP 指令

ZCP 是数据区间比较指令，有 16 位操作和 32 位操作两种形式。

其功能是将源操作数 S3 与 S1 和 S2 构成的数据区间（注意必须满足 S1＜S2）进行比较，结果由 3 个连续的目标元件来表示。如图 6-20 所示为 ZCP 指令的应用格式和使用范围。

即 S3＜S1，目标元件 M10 置 1；

S1＜S3＜S2，目标元件 M11 置 1；

S3＞S2，目标元件 M12 置。

指令不执行时目标元件的状态不变。

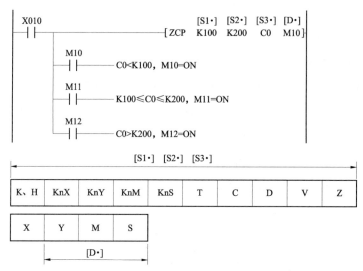

图 6-20　ZCP 指令的应用格式和使用范围

使用说明：

（1）源操作数必须满足 S1＜S2 的条件。

（2）目标元件只能是 Y、M、S。

（3）如果要清除比较结果，需要采用复位指令 RST，在不执行指令，需要清除比较结果时，也要用 RST 或 ZRST 复位指令。

【提高训练】简易定时报时器控制系统

一、控制要求

设定一个住宅控制器的控制程序（每刻钟为一个设定单位，则 24h 共有 96 个时间单位），具体控制要求如下：

（1）早上 6 点起床，闹钟每秒响一次，30s 后自动停止。

（2）早上 9 点到下午 5 点，启动住宅报警系统。

（3）18 点打开住宅照明系统。

（4）22 点关闭住宅照明系统。

二、PLC 程序设计

1. I/O 地址通道分配

根据对控制要求的分析，进行 I/O 分配，见表 6-3。

表 6-3

I/O 分配表

输　　入			输　　出		
输入点	输入元件	作用	输出点	输出元件	作用
X0	SB1	起停开关	Y0	KM1	闹钟
X1	SB2	15min 试验开关	Y1	KM2	住宅报警监控
X2	SB3	格数试验开关	Y2		住宅照明

2. 梯形图

简易定时报时器控制系统梯形图如图 6-21 所示。

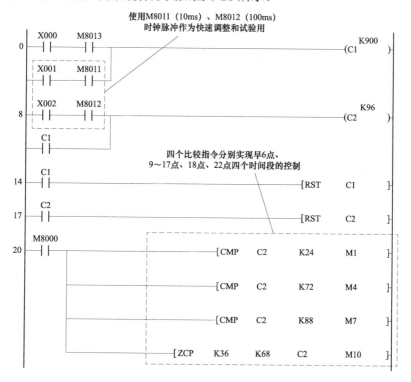

图 6-21　简易定时报时器控制系统梯形图（一）

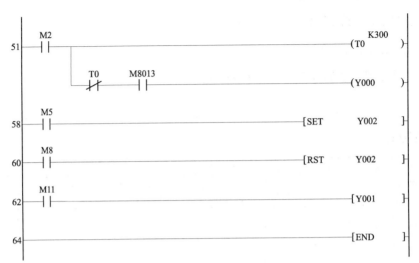

图 6-21　简易定时报时器控制系统梯形图（二）

3. 程序录入与调试

将程序输入到 PLC 中，然后进行程序调试。调试过程中要注意各动作顺序，每次操作都要注意监控观察各输出的变化，检查是否实现了系统所要求的功能。

第四节　循环类指令

一、循环右移 ROR、循环左移 ROL

1. ROR 指令

ROR 指令是循环右移指令，有 16 位操作和 32 位操作两种形式。其功能是在执行条件满足时，将目标元件 D 中的位循环右移 n 位，最后被移出位同时被存放在进位标志 M8022 中。

2. ROL 指令

ROL 指令是循环左移指令，有 16 位操作和 32 位操作两种形式。其功能是在执行条件满足时，将目标元件 D 中的位循环左移 n 位，最后被移出位同时被存放在进位标志 M8022 中。

ROR、ROL 指令的应用格式和使用范围如图 6-22 所示。在图 6-22（a）中，如果 D0=0000 1111 0000 1111，则执行一次循环右移指令后，D0=1110 0001 1110 0001，并且 M8022=1。

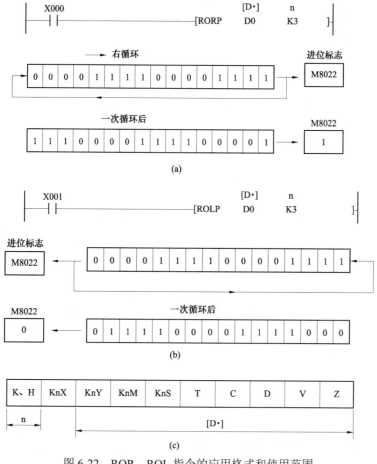

图 6-22　ROR、ROL 指令的应用格式和使用范围

（a）ROR 指令的应用；（b）ROL 指令的应用（c）ROR、ROL 指令的使用范围

二、带进位的循环右移 RCR、带进位的循环左移 RCL

1. RCR 指令

RCR 指令是带进位的右循环移位指令，有 16 位操作和 32 位操作两种形式。其功能是在执行条件满足时，将目标元件 D 中的数据与进位位一起（16 位指令时一共 17 位）向右循环移动 n 位。

2. RCL 指令

RCL 指令是带进位的左循环移位指令，有 16 位操作和 32 位操作两种形式。其功能是在执行条件满足时，将目标元件 D 中的数据与进位位一起（16 位指令时一共 17 位）向左循环移动 n 位。

RCR 与 RCL 指令的应用格式和使用范围如图 6-23 所示。

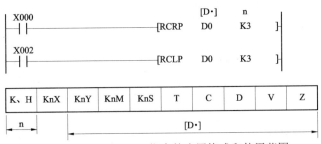

图 6-23 RCR 与 RCL 指令的应用格式和使用范围

三、位右移指令 SFTR、位左移指令 SFTL

SFTR 指令是位的右移指令，SFTL 是位的左移指令。其功能是使目标元件中的状态成组地向右（左）移动，其中 n1 指定目标元件的长度，n2 指定移位的位数。如图 6-24 所示为位移动指令的应用格式和使用范围。

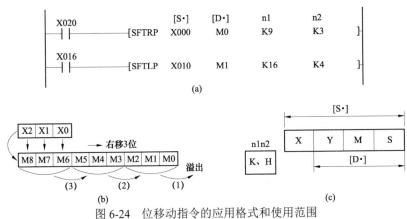

图 6-24 位移动指令的应用格式和使用范围
（a）SFTR、SFTL 指令的应用格式；（b）SFTR 指令的移位举例；（c）操作数的范围

【提高训练】流水灯光控制

一、控制要求

按下起动按钮后，8 盏灯以正序每隔 1s 轮流点亮，当最后一盏灯亮后，停 3s；然后以反序每隔 1s 轮流点亮，当第一盏灯亮后，停 3s，重复以上过程。当按下停止按钮时，停止工作。

二、PLC 程序设计

1. I/O 地址通道分配

根据对控制要求的分析，进行 I/O 地址通道分配，见表 6-4。

表 6-4

I/O 分配表

输　入			输　出		
输入点	输入元件	作用	输出点	输出元件	作用
X1	SB1	起动按钮	Y7～Y0	HL	灯光控制
X2	SB2	停止按钮			

2. 编制梯形图

流水灯光控制梯形图如图 6-25 所示。

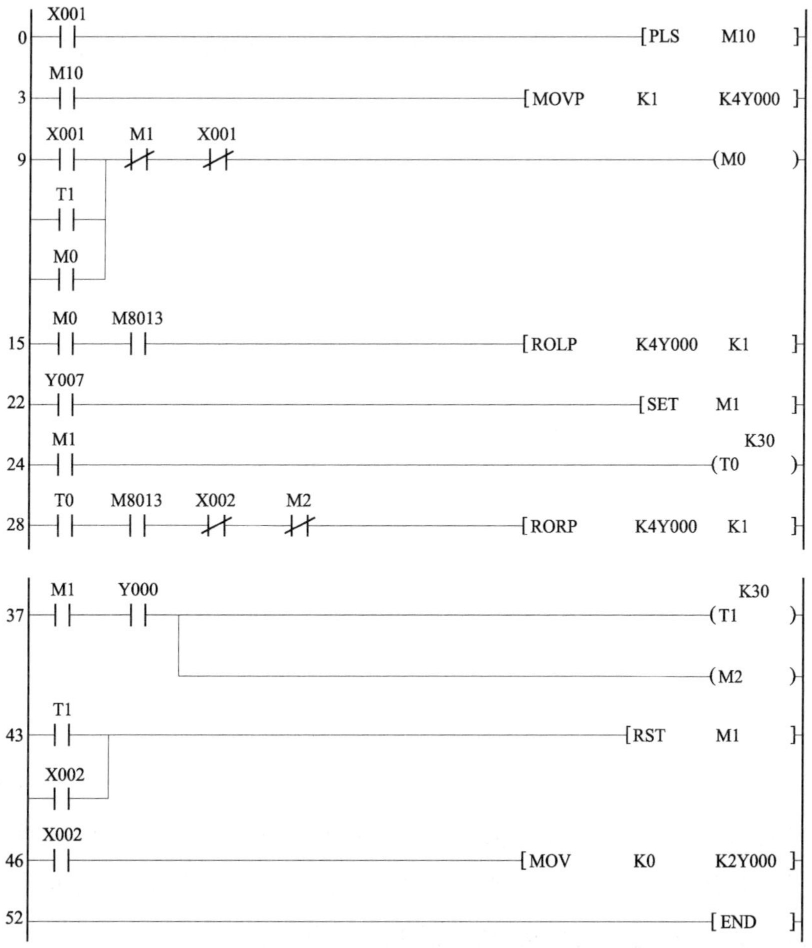

图 6-25　流水灯光控制梯形图

3. 程序录入与调试

将程序输入到 PLC 中，然后进行程序调试。调试过程中要注意各动作顺序，每次操作都要注意监控观察各输出的变化，检查是否实现了系统所要求的功能。

第五节　数据处理类指令

一、区间复位指令 ZRST

ZRST 是区间复位指令，16 位操作数有 ZRST、ZRST（P）。其功能是指定同类目标元件范围内的元件复位，指定元件必须属于同一类，且 $D1<D2$；当指定目标元件为通用计数器时，不能含有高速计数器。ZRST 指令的应用格式和使用范围如图 6-26 所示。

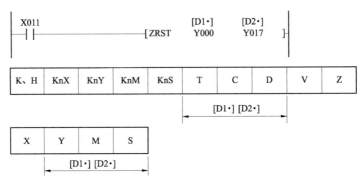

图 6-26　ZRST 指令的应用格式和使用范围

二、译码指令（DECO）、编码指令（ENCO）、位判别指令（BON）

1. DECO

DECO 是译码指令，16 位操作有 DECO、DECO（P）。其功能是将目标元件的某一位置 1，其他位置 0，置 1 的位的位置由源操作数 S 为首地址的 n 位连续位元件或数据寄存器所表示的十进制码决定。常数 n 标明参与该指令操作的源操作数共 n 个位，目标数共有 2^n 个位。如图 6-27 所示为 DECO 指令的应用格式和使用范围。

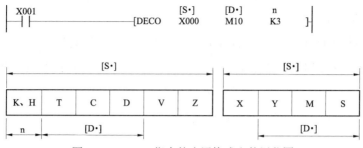

图 6-27　DECO 指令的应用格式和使用范围

在图 6-27 中，以 X0 为首地址的 3 位（n=3）
X2X1X0=101，用十进制数表示为 5；则当 X1=ON
时，执行 DECO 指令，将以 M10 为首地址的 8 位
（2^3=8）中的第 5 位置 1，其他位置 0。其执行过程如
图 6-28 所示。

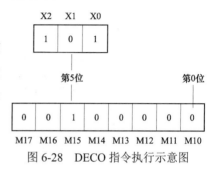

图 6-28　DECO 指令执行示意图

2. ENCO

ENCO 是编码指令，16 位操作有 ENCO、ENCO（P）。其功能是将源操作数为 1
的最高位的位置存放在目标元件中。如图 6-29 所示为 ENCO 指令的应用格式和使用
范围。

图 6-29　ENCO 指令的应用格式和使用范围

在图 6-30 中，对源操作数 M10 为首地址的连续 8 个位元件 M10～M17 进行编码，其
结果存入 D0 中，若 M13=1，其余位均为 0，则 ENCO 指令执行后将 3 存入到 D0 中，则
D0=0000 0000 0000 0011。如果 M10～M17 中有两个或两个以上的位为 1，则只有最高位
的 1 有效。

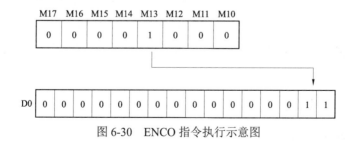

图 6-30　ENCO 指令执行示意图

3. BON

BON 是位判别指令，16 位操作有 BON、BON（P）和 32 位操作（D）BON、（D）

BON（P）两种形式。

其功能是判断源操作数第 n 位的状态并将结果存放在目标元件中。常数 n 表示对源操作数首位（0 位）的偏移量。如果 n=0 是判断第 1 位的状态；n=15 时是判断第 16 位的状态。因此，对于 16 位源操作数，n 的取值是 0～15，对于 32 位操作，n 的取值是 0～31。如图 6-31 所示为 BON 指令的应用格式和使用范围。

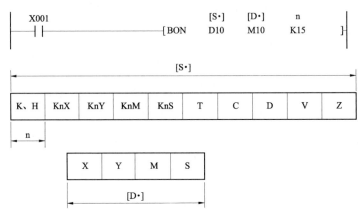

图 6-31　BON 指令的应用格式和使用范围

在图 6-31 中，X1 闭合时，每扫描一次梯形图就将 D10 的第 15 位状态存入到 M10 中去。

【提高训练】单按钮实现 5 台电动机的起停控制

一、控制要求

用单按钮实现 5 台电动机的起停。按下按钮一次（保持 1s 以上），1 号电动机起动，再按按钮，1 号电动机停止；按下按钮两次（第二次保持 1s 以上），2 号电动机起动，再按按钮，2 号电动机停止；依此类推，按下按钮 5 次（最后一次保持 1s 以上），5 号电动机起动，再按按钮，5 号电动机停止。利用 PLC 控制程序实现以上功能。

二、PLC 程序设计

1. I/O 地址通道分配表

根据对控制要求的分析，进行 I/O 地址通道分配，见表 6-5。

表 6-5

I/O 分配表

输　　入			输　　出		
输入点	输入元件	作用	输出点	输出元件	作用
X1	SB1	起动按钮	Y0	KM1	1 号电动机
			Y1	KM2	2 号电动机
			Y2	KM3	3 号电动机
			Y3	KM4	4 号电动机
			Y4	KM5	5 号电动机

2. 编制梯形图程序

单按钮实现 5 台电动机的启停控制梯形图如图 6-32 所示。

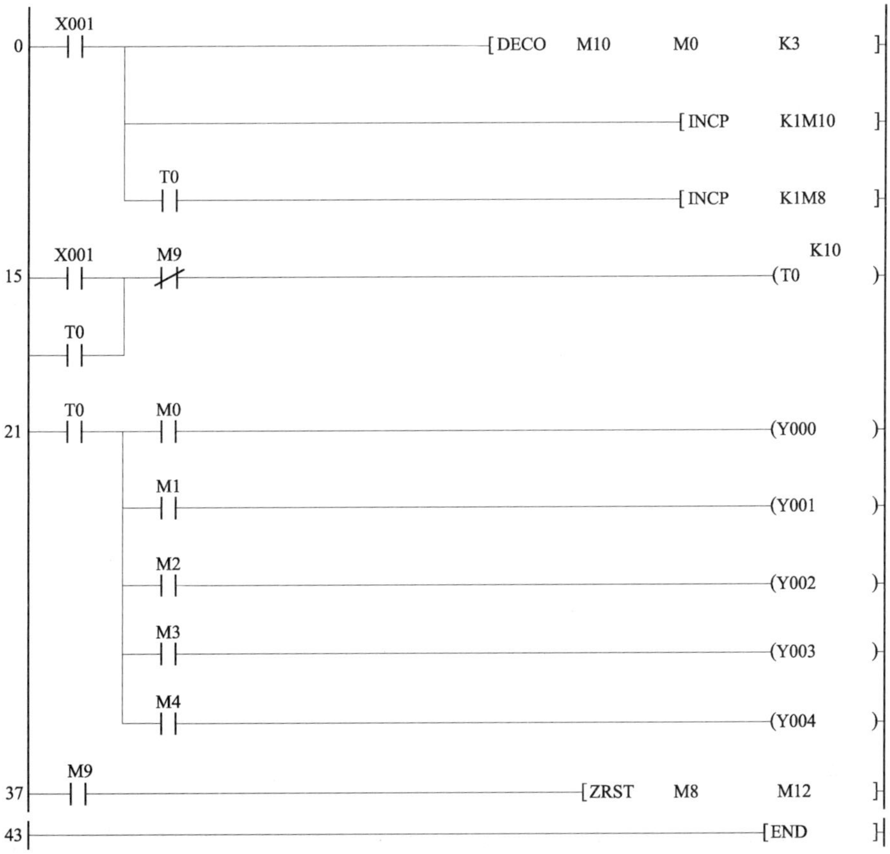

图 6-32　单按钮实现 5 台电动机的启停控制梯形图

3. 程序录入与调试

将程序输入到 PLC 中，然后进行程序调试。调试过程中要注意各动作顺序，每次操作都要注意监控观察各输出的变化，检查是否实现了系统所要求的功能。

第六节　四则运算指令

一、加法（ADD）与减法（SUB）指令

1. ADD

ADD 是二进制加法指令，有 16 位操作 ADD、ADD（P）和 32 位操作（D）ADD、（D）ADD（P）两种形式。

指令功能是将两个源操作数相加（二进制代数运算），结果存到目标元件 D 中。图 6-33 是 ADD 指令的应用格式和使用范围。

加法指令 ADD 有 3 个常用的标志，M8020 为零标志、M8022 为进位标志、M8021 为借位标志。

执行 ADD 指令后，若计算结果为 0，则零标志位 M8020 置 1；若结果超过 32 767（16 位）或 2 147 483 647（32 位），则进位标志 M8022 置 1；若结果小于–32 768（16 位）或–2 147 483 647（32 位），则借位标志 M8021 置 1。

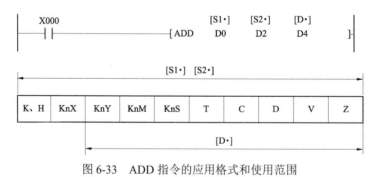

图 6-33　ADD 指令的应用格式和使用范围

2. SUB

SUB 是二进制减法指令，有 16 位操作 SUB、SUB（P）和 32 位操作（D）SUB、（D）SUB（P）两种形式。

指令功能是把源操作数 S1 减去 S2，将结果存到目标元件 D 中。运算中标志位的动作、与数值的正负之间的关系，以及指令的使用与加法指令相同。图 6-34 所示为 SUB 指令的应用格式和使用范围。

图 6-34 SUB 指令的应用格式和使用范围

二、乘法（MUL）与除法（DIV）指令

1. MUL

MUL 是二进制乘法指令，有 16 位操作 MUL、MUL（P）和 32 位操作（D）MUL、（D）MUL（P）两种形式。

指令功能是把源操作数 S1 与 S2 相乘，将结果存到目标元件 D 中。当源操作数是 16 位时，目标操作数是 32 位，则［D·］为目标操作数的首地址。图 6-35 所示为 MUL 指令的应用格式和使用范围。

图 6-35 MUL 指令的应用格式和使用范围

2. DIV

DIV 是二进制除法指令，有 16 位操作 DIV、DIV（P）和 32 位操作（D）DIV、（D）DIV（P）两种形式。

指令功能是将指定的源元件中的二进制相除，［S1·］为被除数，［S2·］为除数，商送到指定的元件［D•］中去，余数送到［D•］的下一个目标元件中去。图 6-36 所示为 DIV 指令的应用格式和使用范围。

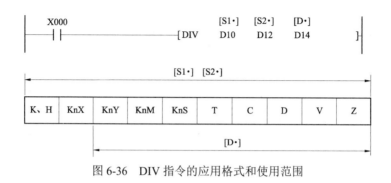

图 6-36　DIV 指令的应用格式和使用范围

三、加 1（INC）与减 1（DEC）指令

1. INC

INC 为加 1 指令。指令功能是，当条件满足时，将指定元件［D•］中的二进制数自动加 1。如图 6-37 所示为 INC 指令的应用格式和使用范围。当 X0 接通时，D10 里的数据自动加 1。如果使用连续执行型指令 INC，则每个扫描周期都要加 1。

16 位运算时，+32 767 再加 1 就变为-32 768，但标志位不置位。同样，在 32 位运算时，+2 147 483 647 再加 1 就变成–2 147 483 648，标志位也不置位。

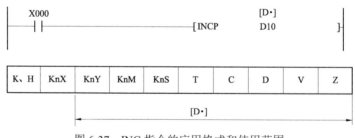

图 6-37　INC 指令的应用格式和使用范围

2. DEC

DEC 指令为减 1 指令。其功能是，当条件满足时，将指定元件［D•］中的二进制数自动减 1。如图 6-38 所示为 DEC 指令的应用格式和使用范围。当 X10 接通时，D12 里的数据自动减 1。如果使用连续执行型指令 DEC，则每个扫描周期都要减 1。

16 位运算时，-32 768 再减 1 就变为+32 767，但标志位不置位。同样，在 32 位运算时，-2 147 483 648 再减 1 就变成+2 147 483 647，标志位也不置位。

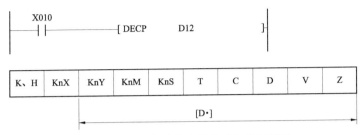

图 6-38 DEC 指令的应用格式和使用范围

【提高训练】用乘除法指令实现彩灯控制

一、控制要求

用乘除法指令实现灯组的移位循环：一组灯共 14 个，要求当 X0 为 ON 时，灯正序每隔 1s 单个移动，并循环；当 X1 为 ON 且 Y0 为 OFF 时，灯反序每隔 1s 单个移位，至 Y0 为 ON 时停止。

二、PLC 程序设计

1. I/O 地址通道分配

根据对控制要求的分析，进行 I/O 分配，见表 6-6。

表 6-6

I/O 分配表

输　　入			输　　出	
输入点	输入元件	作用	输出点	输出元件
X0	SB1	正序开关	Y0～Y7 Y10～Y15	HL
X1	SB2	反序开关		

2. 编制梯形图程序

彩灯控制梯形图如图 6-39 所示。

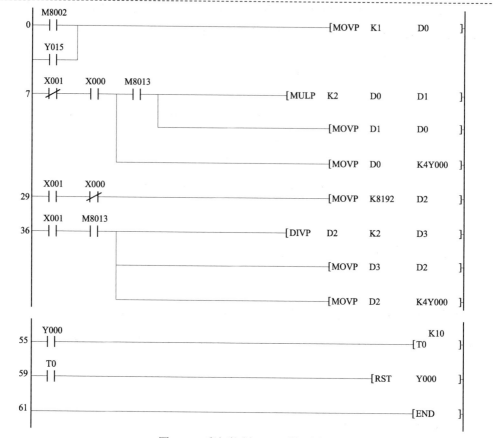

图 6-39　彩灯控制（一）梯形图

3. 程序录入与调试

将程序输入到 PLC 中，然后进行程序调试。调试过程中要注意各动作顺序，每次操作都要注意监控观察各输出的变化，检查是否实现了系统所要求的功能。

【提高训练】用加减指令实现彩灯控制

一、控制要求

有 12 盏彩灯正序亮至全亮、反序熄灭至全部熄灭，再循环。用一个启停开关来控制。

二、PLC 程序设计

1. I/O 地址通道分配

根据对控制要求分析，进行 I/O 分配，见表 6-7。

表 6-7

I/O 分配表

输　　入			输　　出		
输入点	输入元件	作用	输出点	输出元件	作用
X1	SB1	起停按钮	Y0～Y13	彩灯	显示

2. 编制梯形图程序

彩灯控制梯形图如图 6-40 所示。

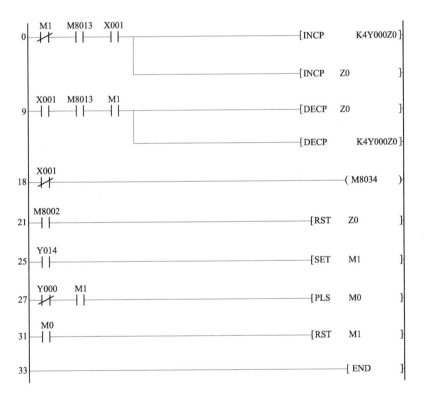

图 6-40　彩灯控制（二）梯形图

3. 程序录入与调试

将程序输入到 PLC 中，然后进行程序调试。调试过程中要注意各动作顺序，每次操作都要注意监控观察各输出的变化，检查是否实现了系统所要求的功能。

第七节　跳转与循环程序

一、跳转指令（CJ）

CJ 为条件跳转指令，其功能是当跳转条件成立时跳过一段指令，跳转至指令中所标明的标号处继续执行；若条件不成立，则继续顺序执行。由于被跳过的梯形图不再被扫描，所以可以缩短扫描周期。

FX2N 的 PLC 的指针有 P0～P127 共 128 个点，P 指针作为一种标号，用于跳转指令 CJ 或子程序调用指令 CALL 的跳转或调用。

关于指针 P 在使用时要注意以下几种情况：

（1）一个指针只能出现一次，如果出现两次或两次以上，就会出错。

（2）多条跳转指令可以使用相同的指针。

（3）P63 是 END 所在的步序，在程序中不需要设置 P63。

（4）跳转指令具有选择程序段的功能。在同一个程序段中，位于不同程序段的程序不会被同时执行，所以不同程序段中的同一线圈不能视为双线圈。

（5）指针可以出现在相应的跳转指令之前，但是，如果反复跳转的时间超过监控定时器的设定时间，会引起监控定时器出错。

例如，在工业控制中，为了提高设备的可靠性，许多设备需要建立自动及手动两种工作方式。这就要求在编程中书写两段程序，一段用于手动，一段用于自动。然后设立一个自动手动的转换开关，以便对程序段进行选择。其功能可以通过图 6-41 所示的程序完成。

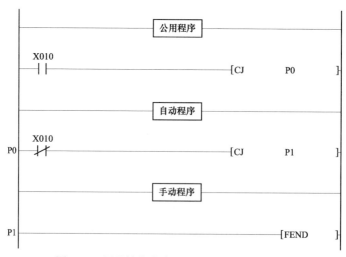

图 6-41　用跳转指令实现的自动/手动切换程序

其中，X10 为手动/自动的切换开关，当它为
ON 时，跳过自动程序，执行手动程序；当它为
OFF 时，将跳过手动程序，执行自动程序。公用
程序用于自动程序和手动程序相互切换的处理。

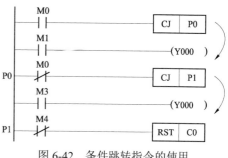

我们再通过一个实例来了解条件跳转指令 CJ
的使用，如图 6-42 所示。

图 6-42 条件跳转指令的使用

在图 6-42 中：

（1）若 M0 接通，则 CJ P0 的跳转条件成立，程序将跳转到标号为 P0 处。因为 M0 动断
是断开的，所以 CJ P1 的跳转条件不成立，程序顺序执行。按照 M3 的状态对 Y000 进行处理。

（2）若 M0 断开，则 CJ P0 的跳转条件不成立，程序会按照指令的顺序执行下去。
执行到 P0 标号处时，由于 M0 动断是接通的，则 CJ P1 的跳转条件成立，因此程序就会
跳转到 P1 标号处。

（3）Y000 为双线圈输出。

在程序执行过程中，M0 动合和 M0 动断是一对约束条件，所以线圈 Y000 的驱动逻
辑在任何时候只有一个会发生，所以在图 6-42 中出现 Y000 的双线圈输出是可以的。

二、循环指令（FOR、NEXT）

在某些工业控制场合，一些操作需要反复进行。例如，对某一采样数据做一定次数的
加权运算，或利用反复的加减运算完成一定量的增加或减少，利用反复的乘除运算完成一
定量的数据移位等，这些功能都可以通过循环程序来实现。

FOR 和 NEXT 指令是一组循环指令，必须成对使用。FOR 为循环开始指令，其操作
数适用于所有的字元件，其功能是表示循环扫描从 FOR 到 NEXT 之间程序的次数，循环
次数的取值是 1～32 767。NEXT 表示循环结束指令。如图 6-43 所示为 FOR、NEXT 指令
的应用格式和使用范围。

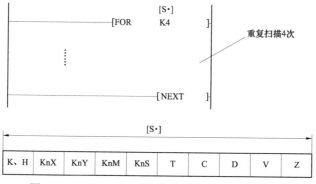

图 6-43 FOR、NEXT 指令的应用格式和使用范围

循环指令在使用时需注意：

（1）这两条指令无需控制条件，直接与左母线相连即可。

（2）循环指令允许 5 级嵌套。

（3）FOR 和 NEXT 必须成对使用。

如图 6-44 所示为 3 级嵌套使用的循环指令，程序的功能解释如下：

当 X1 为 OFF 时，若不执行跳转指令，则循环体 C 执行 4 次，循环体 B 执行 4×5=20 次，而循环体 A 则执行 4×5×6=120 次。当 X1 为 ON 时，循环体 A 不执行。

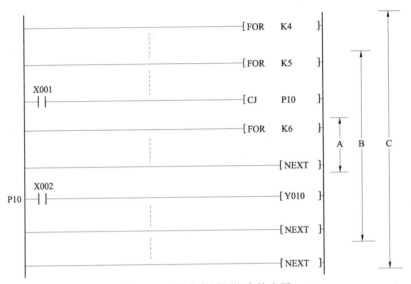

图 6-44　3 级嵌套循环指令的应用

【提高训练】用循环指令求和

一、控制要求

用循环指令实现求 1+2+3+…+100 的和。

二、梯形图设计

求和控制梯形图如图 6-45 所示。

三、程序录入与调试

将程序输入到 PLC 中，然后进行程序调试。调试过程中要注意各动作顺序，每次操作都要注意监控观察各输出的变化，检查是否实现了系统所要求的功能。

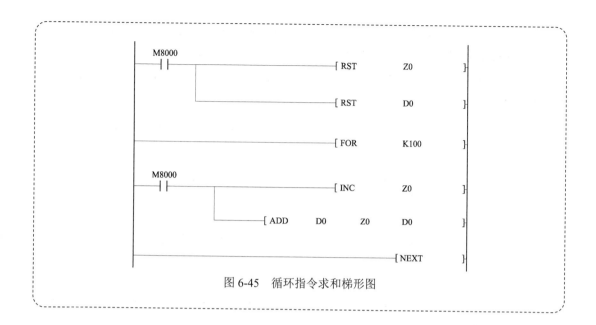

图 6-45　循环指令求和梯形图

第八节　中断与子程序

一、中断与中断指针

1. 中断

在日常生活中，当我们正在做某项工作时，有一件更为重要的事情需要马上处理，这时就需要暂停正在做的工作，转去处理这一紧急事务，等处理完这一紧急事务后，再继续去完成刚才暂停的工作。PLC 同样也有这样的工作方式，我们称之为中断。所谓中断，就是指在主程序的执行过程中，中断主程序去执行中断子程序，执行完中断子程序后再回到刚才中断的主程序处继续执行。

中断程序具有以下特点：

（1）中断不受 PLC 扫描工作方式的影响，以使 PLC 能迅速响应中断事件。

（2）中断子程序是为某些特定的控制功能而设定的。所以要求中断子程序的响应时间小于机器的扫描时间。

能引起中断的信号叫做中断源，FX2N 系列 PLC 共有三类中断源：外部中断、定时器中断和高速计数中断。

2. 中断指针

中断指针用 I 来表示，它是用来指明某一中断源的中断程序入口指针，当执行到

IRET（中断返回）指令时返回主程序。中断指针 I 应在 FEND（主程序结束指令）之后使用。用于中断服务子程序的地址指针有 I0□□～I8□□共 9 个点。

（1）当中断源为外部请求信号时，使用 I0□□～I5□□5 个点，且中断请求信号由输入端 X0～X5 输入并且要求信号脉冲的宽度大于 200μs。

（2）当中断源是以一定时间间隔产生的内部中断信号时，使用 I6□□～I8□□共 3 个点。其分类如图 6-46 所示。

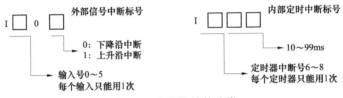

图 6-46　中断指针的分类

例如，I001 表示当输入 X0 从 OFF 变为 ON 时，执行由该指针作为标号的中断服务子程序，并根据 IRET 返回。

I610 表示每隔 10ms 就执行标号为 I610 后面的中断服务子程序，并根据 IRET 返回。

二、中断指令（EI、DI、IRET）

与中断有关的指令共有三个：EI、DI、IRET，其中 EI 是允许中断指令，DI 是禁止中断指令，IRET 是中断返回指令。如图 6-47 所示为中断指令的使用格式。

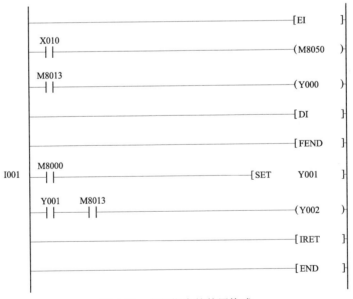

图 6-47　中断指令的使用格式

中断指令在使用时要注意以下情况：

（1）三个指令既没有驱动条件，也没有操作数，在梯形图上直接与左右母线相连。

（2）中断程序放在 FEND 指令之后。

（3）EI 到 DI 之间为允许中断区间，CPU 在扫描其梯形图时，若有中断请求信号产生，则 CPU 停止扫描当前梯形图转而去执行中断指针 I□□□标号的中断服务子程序，直到 IRET 指令才返回到主程序继续执行。

（4）如果中断请求发生在 EI 到 DI 区域之外，则该中断请求信号被锁存起来，直到 CPU 扫描到 EI 指令后才专区执行该中断服务子程序。

（5）允许 2 级中断嵌套，并有优先权利处理能力。即当有多个中断请求同时发生时，中断标号越小者优先权级别越高。

另外，特殊辅助继电器 M805△为 ON 时（△=0～8），禁止执行相应的中断 I△□□。例如，当 M8050 为 ON 时，禁止执行相应的中断 I000 和 I001。当 M8059 为 ON 时，关闭所有的计数器中断。

【提高训练】高精度定时控制

一、控制要求

用定时中断实现周期为 10s 的高精度定时，定时时间到，指示灯亮。

二、梯形图设计

使用中断指针 I650，表示每隔 50ms 执行一次中断程序，对 D0 加 1，当加到 D0=200 时，对应的时间是 10s，再通过触点比较指令实现数据寄存器的复位和输出控制的实现。如图 6-48 所示是控制程序梯形图。

三、程序录入与调试

将程序输入到 PLC 中，然后进行程序调试。调试过程中要注意各动作顺序，每次操作都要注意监控观察各输出的变化，检查是否实现了系统所要求的功能。

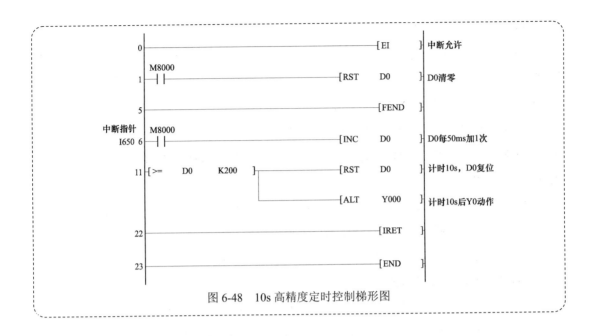

图 6-48　10s 高精度定时控制梯形图

第九节　高速处理类指令

一、立即刷新指令（REF）、修改滤波时间常数指令（REFF）

1. REF 指令

REF 是 I/O 立即刷新指令，16 位操作指令为 REF、REF（P）。指令功能是将目标元件为首地址的连续 n 个元件状态刷新。目标元件只能是 X、Y，且首址为 10 的倍数，n 为 8 的倍数。如图 6-49 所示为 REF 指令的应用格式。

图 6-49　REF 指令的应用格式

2. REFF 指令

REFF 是修改滤波时间常数和立即刷新高速输入指令，16 位操作指令为 REFF、REFF（P）。指令功能是立即刷新高速输入 X0～X7，并修改其滤波时间常数。常数 n 表示数字滤波时间常数的设定值，其取值是 0～60ms，n=0 时的实际设定值为 50μs。如图 6-50 所示为 REFF 指令的应用格式。应注意的是，REFF 指令必须在程序运行时间一直被驱动，否则 X0～X7 输入滤波时间常数将被恢复至默认值 10ms。

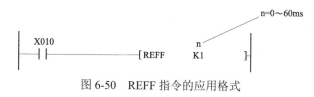

图 6-50　REFF 指令的应用格式

二、高速计数器

普通的计数器的工作受扫描频率的限制，只能对低于扫描频率的信号计数。而在工业控制中，很多由其他物理量转化成的频率信号一般要高于扫描频率，有时能达到数千赫兹。例如，光电编码器可以将转速信号变换为脉冲信号，转速越高，单位时间内的脉冲数就越多，频率就越高。这时普通的计数器已不能满足计数的需求，需要使用高速计数器。

FX2N 系列 PLC 设有 C235～C255 共 21 点高速计数器，其分类如下。

一相无启动/复位端子：C235～C240；

一相带启动/复位端子：C241～C245；

一相双输入型：C246～C250；

二相 A-B 相型：C251～C255。

高速计数器均为 32 位增减计数器，FX2N 系列可编程高速计数器和各输入端之间的对应关系见表 6-8。

表 6-8

FX2N 系列高速计数器

计数器 ＼ 输入	X0	X1	X2	X3	X4	X5	X6	X7
一相无启动/复位 — C235	U/D							
C236		U/D						
C237			U/D					
C238				U/D				
C239					U/D			
C240						U/D		
一相带启动/复位 — C241	U/D	R						
C242			U/D	R				
C243			U/D	R				
C244	U/D	R					S	
C245			U/D	R				S

续表

计数器 \ 输入		X0	X1	X2	X3	X4	X5	X6	X7
一相双输入	C246	U	D						
	C247	U	D	R					
	C248				U	D	R		
	C249	U	D	R				S	
	C250				U	D	R		S
两相A-B相型	C251	A	B						
	C252	A	B	R					
	C253				A	B	R		
	C254	A	B	R				S	
	C255				A	B	R		S

在表 6-8 中，U 表示增计数输入；D 表示减计数输入；A 表示 A 相输入；B 表示 B 相输入；R 表示复位输入；S 表示启动输入。

高速计数器的特点如下：

（1）它们共享 8 个高速输入口 X0～X7。

（2）使用某个高速计数器时可能要同时使用多个输入口，而这些输入口又不能被多个高速计数器重复使用。

（3）在实际应用中，最多只能由 6 个高速计数器同时工作。这样设置是为了使高速计数器能具有多种工作方式，以方便在各种控制工程中选用。

三、高速计数器指令

1. HSCS 指令

HSCS 是高速计数器置位指令，其应用格式和使用范围如图 6-51 所示。

当 C255 的当前值由 99→100 或有 101→100 时，Y10 立即置位。

2. HSCR 指令

HSCR 是高速计数器复位指令，其使用格式如图 6-52 所示。

当 C255 的当前值由 99→100 或有 101→100 时，Y10 立即复位。

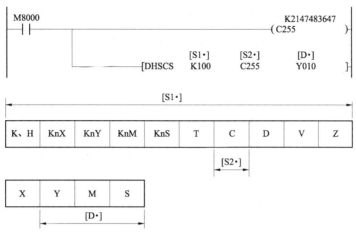

图 6-51 HSCS 指令的应用格式和使用范围

四、速度检测指令（SPD）

SPD 是速度检测指令，16 位操作有 SPD、SPD（P）。指令功能是在源操作数 S2 设定的时间内（ms），对源操作数 S1 输入的脉冲进行计数，计数的当前值存放在目标元件 D+1 中，终值存放在目标元件 D 中，当前计数的剩余时间（ms）存放在目标元件 D+2 中。SPD 指令的应用格式和使用范围如图 6-53 所示。

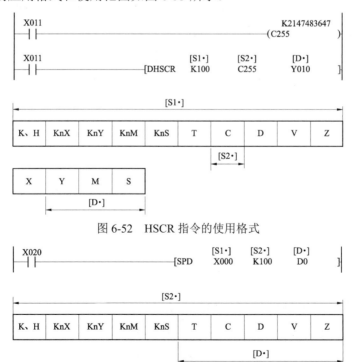

图 6-52 HSCR 指令的使用格式

图 6-53 SPD 指令的应用格式和使用范围

SPD 指令采用高速计数和中断处理方式，计数脉冲从高速输入端 X0～X5 输入，当执行该指令时，目标元件 D+1 存计数当前值，计数时间结束后，当前值立即写入目标元件 D 中，D+1 的当前值复位并开始下一次对 S1 输入脉冲进行计数。根据 S2 设定时间，可以采用以下公式来计算线速度

$$V = \frac{3600 \times D}{n \times S2} \times 10^3 \qquad N = \frac{60 \times D}{n \times S2} \times 10^3$$

其中，D 为目标元件存放的脉冲计数的终值；n 为编码器每千米或每圈产生的脉冲数。

【提高训练】高速计数器的应用

一、一相无启动/复位端高速计数器的应用

一相无启动/复位端的高速计数器（C234～C240）的计数方式及触点动作与普通的 32 位计数器相同：增计数时，当计数值达到设定值时，触点动作并保持；减计数时，当计数值达到设定值时则复位。其中，计数方向取决于计数方向标志继电器 M8235～M8240。

一相无启动/复位端高速计数器的工作梯形图如图 6-54 所示，这类计数器只有一个脉冲输入端。例如，C235 的输入端为 X0。X10 是由程序安排的计数方向的选择信号，接通时为减计数，断开时为增计数（当程序中无辅助继电器 M8235 的相关程序时，默认为增计数）；X11 为复位信号，接通时，执行复位；X12 是由程序安排的 C235 的启动信号；Y10 为计数器 C235 控制的对象。

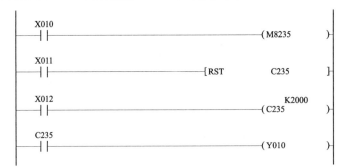

图 6-54　一相无启动/复位端高速计数器的工作梯形图

二、一相带启动/复位端高速计数器的应用

一相带启动/复位端高速计数器（C241～C245），这些计数器与一相无启动/复位端高速计数器的区别是增加了外部启动和外部复位的控制端子。其工作梯形图如图 6-55 所示。

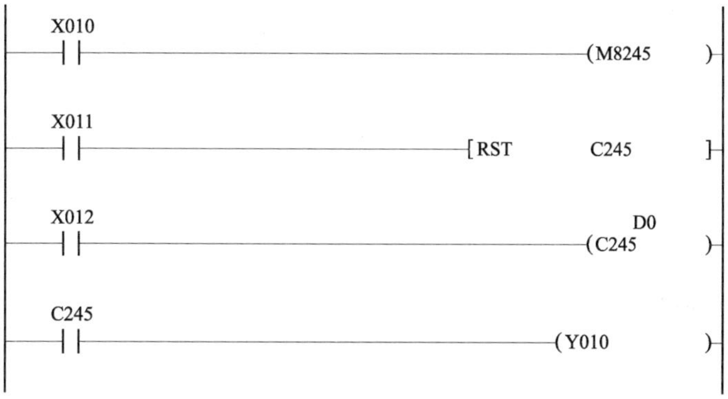

图 6-55　一相带启动/复位端高速计数器的工作梯形图

图 6-55 中，C245 的计数输入端口为 X2，系统启动信号输入为 X7 端，系统复位输入信号为 X3 端。X7 端子上送入的外启动信号只有在 X12 接通，计数器 C245 被选中时才有效；X3 和 X11（用户程序复位）这两个信号则并行有效。

三、一相双输入端高速计数器的应用

一相双输入端高速计数器（C246～C250），这类高速计数器有两个外部计数输入端子，一个端子上送入的计数脉冲为增计数，另一个端子上送入的为减计数。其工作梯形图如图 6-56 所示。对于 C246，X0 及 X1 分别为 C246 的增计数输入端及减计数输入端，C246 的启动和复位是通过程序来实现的。

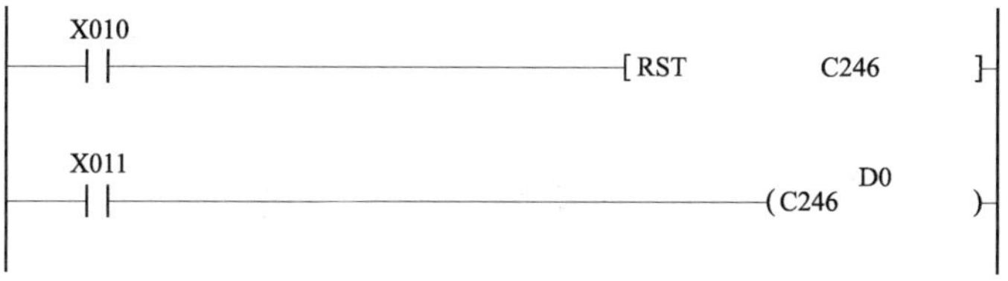

图 6-56　一相双输入端高速计数器的工作梯形图

还有的一相双输入端高速计数器带有外复位及外启动端，如 C250。X3 和 X4 分别为 C250 的增计数输入端及减计数输入端。X7、X5 分别为外启动及外复位端。

四、二相 A–B 相型高速计数器的应用

二相 A-B 相型高速计数器（C251～C255），这些高速计数器的两个脉冲输入端子是同时工作的，外计数方向的控制方式由两相脉冲间的相位决定，如图 6-57 所示是二相 A-B 相型高速计数器的工作梯形图。

图 6-57　二相 A-B 相型高速计数器的工作梯形图

图 6-57 中，对于 C251，X0、X1 分别为 A 相、B 相的输入端。当 A 相信号为 1 且 B 相信号为上升沿时为增计数，B 相信号为下降沿时为减计数。

高速计数器是实现数值控制的一种元件，使用的目的是通过高速计数器的计数值控制其他器件的工作状态，高速计数器通常有两种使用方式：

（1）和普通计数器一样，通过计数器本身的触点在计数器达到设定值时动作并完成控制任务。这种工作方式要受扫描周期的影响，从计数器计数值达到设定值至输出动作的时间有可能大于一个扫描周期，这会影响高速计数器的计数准确性。

（2）直接使用高速计数器工作指令，这种指令以中断方式工作，在计数器达到设定值时立即驱动相关的输出动作。

第十节　脉 冲 输 出 指 令

步进电动机一种非常精密的动力装置，它可以将脉冲信号变换成相应的角位移（或直线线位移）。当有脉冲输入时，步进电动机一步一步地转动，每给它一个脉冲信号，它就转过一定的角度。步进电动机的角位移量和输入脉冲的个数严格成正比，在输入时间上与输入脉冲同步，因此只要控制输入脉冲的数量、频率及电动机绕组通电的相序，便可获得所需的转角、转速及转动方向。在没有脉冲输入时，它处于定位状态。步进电动机是在大多数的应用中，可以通过 PLC 的脉冲输出实现精确定位。例如，在自动化生产线中，物料的分层存放等，就可以通过步进电动机来确定其精确的位置。

一、脉冲输出指令（PLSY）

PLSY 是脉冲输出指令，指令的应用格式如图 6-58 所示，其功能是条件满足时，以 [S1·] 的频率送出 [S2·] 个脉冲达到 [D·]。对于 FX2N 的 PLC 中，只有 Y0、Y1 端口可以作为高速脉冲输出端，并且它的最高输出频率为 1000kHz。

图 6-58　PLSY 指令的应用格式

二、PLSR 指令

PLSR 是带加减速功能的定脉冲数脉冲输出指令。其功能是针对指定的最高频率进行定加速，在达到所指定的输出脉冲数后，进行定减速。其应用格式如图 6-59 所示。

图 6-59　PLSR 指令的应用格式

其中，[S1·] 是指定的最高输出频率（Hz），其值只能是 10 的倍数，范围是 10～20k（Hz），[S1·] 可以是 T、C、D 或者是位组合元件。图 6-59 中最高频率是 1500Hz。

[S2·] 是指定的输出脉冲数，数值是 110～2 124 483 647，脉冲数小于 110 时，脉冲不能正常输出，[S2·] 可以是 T、C、D 或者是位组合元件。图 6-59 中输出脉冲数是 D10 里的数值。

[S3·] 是指定的加减速时间，设定范围是 5000ms 以下，[S3·] 可以是 T、C、D 或者是位组合元件。

[D·] 是指定的脉冲输出端子，[D·] 只能是 Y0 或者 Y1。

PLSR 指令的使用说明：

（1）当驱动点断开时，输出会立刻不减速地中断。这是本指令的缺点，如果在最高频率时中断驱动，会使外部执行元件紧急停止，对机械结构容易造成损伤。

（2）当三个源操作数改变后，指令不会立刻按新的数据执行，而是要等到下一次驱动指令由断开到闭合时才生效。

【提高训练】PLC 控制步进电动机的运行

一、控制要求

X0 接通一次，步进电动机以 400Hz 的频率正转 3 圈；X1 接通一次，步进电动机以 400Hz 的频率反转 3 圈；X2 接通一次，电动机停止转动。

选择步进电动机的步距角为 0.225°，即表示步进电动机转动一圈需要 1600 个脉冲，因此，转 3 圈需要 4800 个脉冲。通过 Y0 来控制脉冲输出，用 Y2 来控制转动方向。

二、PLC 程序设计

1. I/O 地址通道分配

根据对控制要求分析，进行 I/O 分配，见表 6-9。

表 6-9

I/O 分配表

输　入			输　出		
输入点	输入元件	作用	输出点	输出元件	作用
X0	SB1	正起动按钮	Y0	计数脉冲输出	
X1	SB2	反起动按钮	Y2	方向脉冲	方向
X2	SB3	停止按钮			

2. 编制梯形图

PLC 控制步进电动机运行的梯形图如图 6-60 所示。

3. 程序录入与调试

将程序输入到 PLC 中，然后进行程序调试。调试过程中要注意各动作顺序，每次操作都要注意监控观察各输出的变化，检查是否实现了系统所要求的功能。

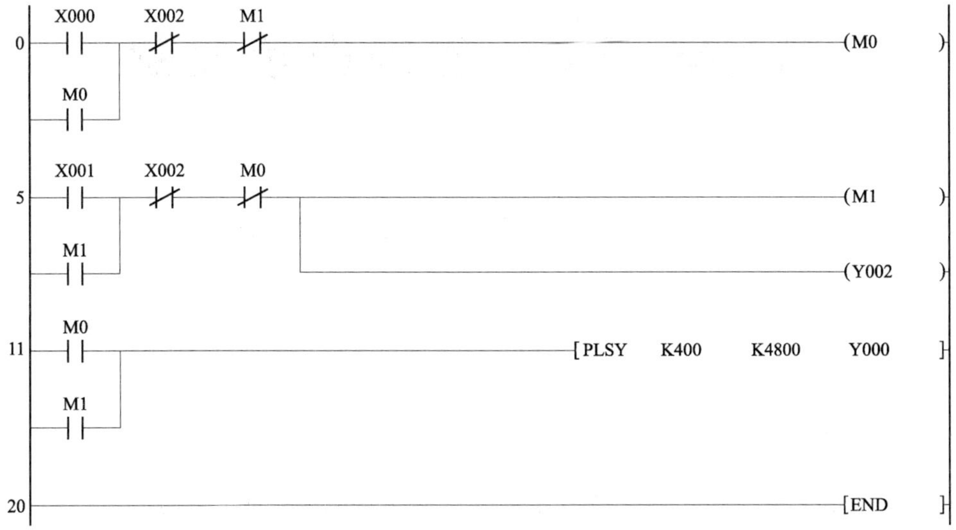

图 6-60　PLC 控制步进电动机运行的梯形图

第七章　PLC 的模拟量控制

第一节　模拟量控制基础知识

一、模拟量与数字量

1. 模拟量

在时间上或数值上都是连续变化的物理量称为模拟量。把表示模拟量的信号叫做模拟信号。例如，在工业中常见的有压力、流量、温度、速度、电压和电流等模拟量信号。

2. 数字量

在时间上和数量上都是离散的物理量称为数字量（也成为开关量）。把表示数字量的信号叫做数字信号。在数字量中，只有两种状态，相当于开和关的状态，如果把开用"1"表示，关用"0"表示，则正好与二进制的"1"和"0"相对应起来。因此，可以把有二进制数所表示的量称为是数字量。

二、PLC 模拟量控制系统

1. PLC 模拟量控制系统组成

PLC 本身是一个数字控制设备，只能处理开关信号的逻辑关系的开关量控制，不能直接处理模拟量。如果要进行模拟量控制，可由 PLC 的基本单元加上模拟量输入/输出扩展单元来实现。即由 PLC 自动采样来自检测元件或变送器的模拟输入信号，同时将采样的信号转换为数字量，存到指定的数据寄存器中，经过 PLC 对这些数字量的运算处理来进行模拟量控制。同样，经过 PLC 处理的数字量也不能直接送去执行电器元件，必须把数字量转换为模拟量后才能控制电器执行元件的动作。如图 7-1 所示为 PLC 模拟量控制系统组成框图。

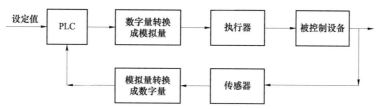

图 7-1　PLC 模拟量控制系统组成框图

2. PLC 模拟量输入与输出方式

（1）PLC 的模拟量输入方式。目前，大部分 PLC 的模拟量输入是采用模拟量输入转换模块（A/D）进行的。用模拟量输入模块进行模拟量输入，首先把模拟量通过相应的传感器和变送器转换成标准的电压（0～10V 或–10～10V）和电流（0～20mA 或 4～20mA）才能接入到输入模块通道。

（2）PLC 的模拟量输出方式。在 PLC 的模拟量输出控制方面，主要采用模拟量输出模块（D/A）进行控制。一般 D/A 模块具有两路以上通道，可以同时输出两个以上的模拟量来控制执行器。在很多情况下，模拟量输出还可以输出占空比可调的脉冲序列信号。

三、特殊模块读（FROM）/写（TO）指令

先来认识一下模拟量输入/输出的流程示意图，如图 7-2 所示。

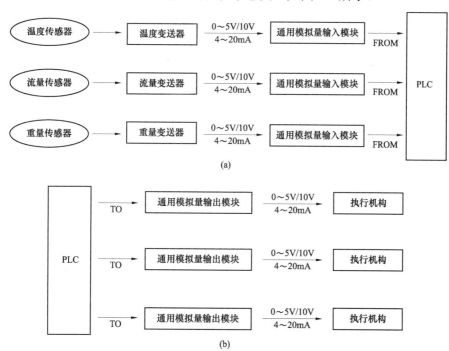

图 7-2　模拟量输入/输出流程示意图

（a）模拟量输入；（b）模拟量输出

使用 FROM 与 TO 指令可以实现模拟量模块与 PLC 之间的数据传输。FROM 与 TO 指令的应用格式和使用范围如图 7-3 所示。

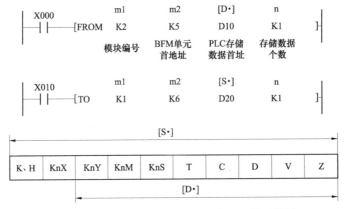

图 7-3　FROM、TO 指令的应用格式和使用范围

FROM 是读指令，如图 7-3 所示，其功能是将指定的 m1 模块号中的第 m2 个缓冲存储器开始的连续的 n 个数据读到指定目标 [D·] 开始的连续的 n 个字中。

TO 是写指令，如图 7-3 所示，其功能是将 [S·] 指定地址开始的连续 n 个字的数据，写到 m1 指定的模块号中第 m2 个缓冲寄存器开始的连续 n 个字中。

第二节　模拟量输入模块 FX2N-2AD 的应用

一、FX2N-2AD 介绍

FX2N-2AD 模块是一种 2 通道、12 位高精度的 A/D 转换输入模块，如图 7-4 所示。

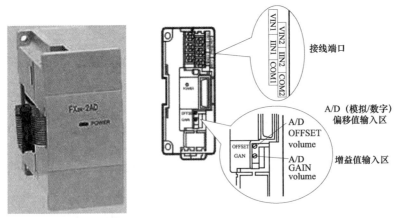

图 7-4　FX2N-2AD 模拟量输入模块

它的功能是将在一定范围内变化的电压或电流输入信号转换成相应的数字量供给 PLC 主机读取。FX2N-2AD 可用于连接 FX0N、FX2N 和 FX2NC 系列的程序控制系统。

1. FX2N-2AD 功能

（1）模拟值的设定可以通过 2 个通道的输入电压或电流输入来完成。

（2）这两个频道的模拟输入值可以接受 0～10V DC、0～5V DC 或者 4～20mA 信号。

（3）模拟量输入值是可调的，该模块能自动分配 8 个 I/O（输入/输出）。

2. FX2N-2AD 模拟量输入模块性能

FX2N-2AD 模拟量输入模块性能见表 7-1。

表 7-1

FX2N-2AD 模拟量输入模块性能表

项　目	输入电压	输入电流
模拟量输入范围	0～10V 直流，0～5V 直流，（输入电阻 200kΩ），绝对最大量程：−0.5V 和+15V 直流	4～20mA（输入电阻 250Ω），绝对最大量程：−2mA 和+60mA
数字输出	12 位（0～4000）	
分辨率	2.5mV（10V/4000），1.25mV（5V/4000）	4μA {（20−4）/4000}
总体精度	±1%（满量程 0～10V）	±1%（满量程 4～20mA）
转换速度	2.5ms/通道（顺控程序和同步）	
隔离	在模拟和数字电路之间光电隔离 直流/直流变压器隔离主单元电源。 在模拟通道之间没有隔离	
电源规格	5V、20mA 直流，（主单元提供的内部电源） 24V±10%、50mA 直流（主单元提供的内部电源）	
占用的 I/O 点数	这个模块占用 8 个输入或输出点（输入或输出均可）	
适用的控制器	FX1N/FX2N/FX2NC（需要 FX2NC-CNV-IF）	
尺寸（宽）×（厚）×（高）	43mm×87mm×90mm（1.69×3.43×3.54 英寸）	
质量（重量）	0.2kg（0.44lbs）	

二、接线与标定

1. FX2N-2AD 的接线

FX2N-2AD 的接线如图 7-5 所示。

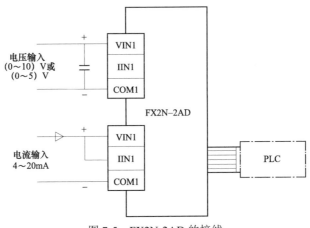

图 7-5　FX2N-2AD 的接线

接线说明：

（1）FX2N-2AD 不能有一个通道输入模拟电压值而另一个通道输入电流值，因为两个频道不能使用同样的偏移值和增益值。

（2）对于电流输入，按照如图 7-5 所示短接 VIN1 和 IIN1。

（3）当电压输入存在电压波动时，连接一个 0.1~0.47μF/25V DC 的电容器，如图 7-5 所示。

（4）一个 PLC 的基本单元最多可连接 8 个特殊功能模块，如图 7-6 所示。多个特殊模块相连接时，PLC 的特殊模块的位置是由特定的位置编号的。编号原则是从基本单元最近的模块算起，由近到远分别是 0 号、1 号、…、7 号编号，如图 7-6 所示。

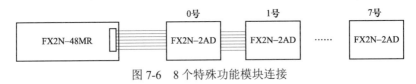

图 7-6　8 个特殊功能模块连接

2. FX2N-2AD 标定

在模拟量控制中，当模拟量转换成数字量后，数字量和模拟量之间存在一定对应关系，这种对应关系称为标定。同样，当数字量转换成模拟量后，他们之间的对应关系也成为标定。标定一般用函数关系曲线和表格来表示，FX2N-2AD 的标定见表 7-2。

表 7-2

FX2N-2AD 标定

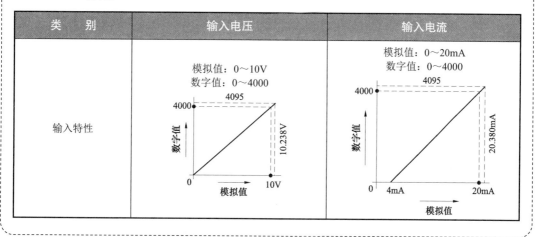

类　别	输入电压	输入电流
输入特性	模拟值：0～10V 数字值：0～4000	模拟值：0～20mA 数字值：0～4000

三、缓冲存储器 BFM# 功能分配

缓冲寄存器 BFM 是 PLC 与外部模拟量进行信息交换的中间单元。输入时，有模拟量输入模块将外部模拟量转换成数字量后先暂存在 BFM 内，再由 PLC 进行读取，送入 PLC 的字元件进行处理。输出时，PLC 将数字量送入输出模块的 BFM 内，再由输出模块自动转换成模拟量送入外部控制器中。FX2N-2AD 模块的缓冲寄存器各单元功能分配见表 7-3。

表 7-3

缓冲寄存器各单元的功能

BFM 数据	15 位～8 位	7 位～4 位	3 位	2 位	1 位	0 位
#0	保留	输入电流值（附属的 8 位数值）				
#1	保留		输入电流值（高阶 4 位数值）			
#2～#6	保留					
#17	保留				模拟值到数字值的开始转换	模拟值到数字值的转频
#18 或以上	保留					

缓冲存储器应用说明：

（1）当 FX2N-AD 模块采样到的模拟量被转换成 12 位数字量后，被 PLC 读入到一个数据存储器中。数字量的低 8 位当前值，以二进制形式存储在 BFM#0 的低 8 位中。数字量的高 4 位当前值，则以二进制形式存储在 BFM#1 的第 4 位。

（2）缓冲存储器 BFM#17 在使用中有两个功能选择。一是设置通道字；二是表示模数转换开始。BFM#17 的第 0 位指定模拟到数字转换的通道是 CH1 或 CH2。当第 0 位等于 0 时，通道设置为 CH1；当第 0 位等于 1 时，通道设置为 CH2。

当 BFM#17 的第 1 位设置为 1 时，表示模拟值/数字值的转换程序开始执行。

【提高训练】FX2N-2AD 模拟量输入模块的使用

下面通过编制一段程序来学习 FX2N-2AD 模拟量输入模块的使用。

步骤一：PLC 与 FX2N-2AD 接线（图 7-7）。

（1）连接扩展电缆到 PLC 主机，若电源指示灯点亮，则说明扩展电缆正确连接；若指示灯灭或闪烁，则需要检查扩展电缆连接是否正常。

（2）把 0～10V 的模拟电压接入 FX2N-AD 的电压端子上。（注：FX2N-AD 的标定出厂时为 0～10V 电压输入，其对应的数字量为 0～4000，现在接入一个 0～10V 的电压输入，模块就不需要标定调整，如果接入的是 0～5V 电压或做电流输入，就必须对标定进行调整，具体调整方法可参考本节【知识拓展】）

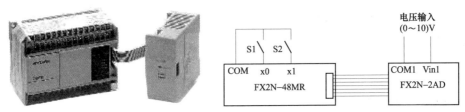

图 7-7　PLC 与 FX2N-2AD 接线

步骤二：编制程序

（1）确定 FX2N-2AD 的编号为 0#。

（2）分配 FX2N-2AD 的缓冲存储器。FX2N-2AD 模块的设置是对 BFM#0 和 BFM#17 两个存储单元进行设置。

（3）编制通道选择程序。本例的模拟输入通道选择为 CH1，程序如图 7-8 所示。

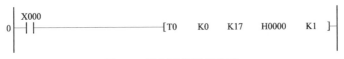

图 7-8　编制通道选择程序

程序解释：当 X0 接通时，把 PLC 中十六进制数 H0000 写入到 0#模块的 BFM#17 单元中，若此时 BFM#17 单元中的第 0 位设置为"0"，则表示模拟量从通道 CH1 输入。

（4）编制模拟值/数字值的转换开始执行程序，如图 7-9 所示。

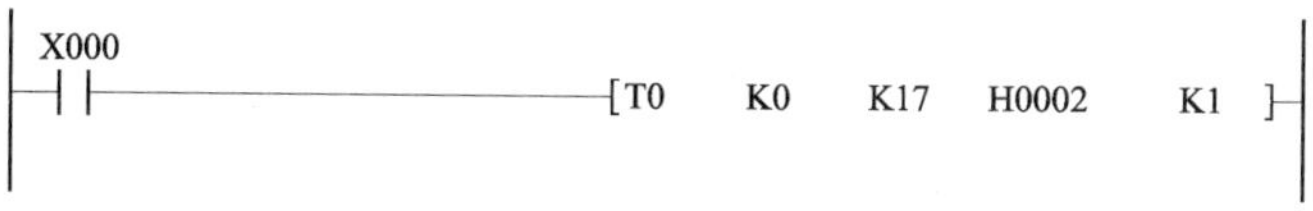

```
 X000
──┤├──────────────────────────[T0    K0    K17    H0002    K1]──
```

图 7-9　编制模拟值/数字值的转换开始执行程序

程序解释：当 X0 接通时，把 PLC 中十六进制数 H0002 写入到 0#模块的 BFM#17 单元中，当 BFM#17 的第 1 位设置为"1"时，表示模拟值/数字值的转换程序开始执行。

（5）编制 CH1 通道采样数据并存储到 D100 中的程序，如图 7-10 所示。

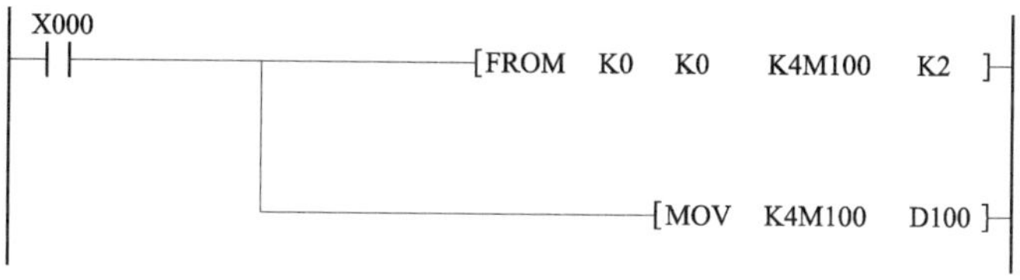

```
 X000
──┤├──────┬───────────────────[FROM   K0   K0    K4M100    K2]──
          │
          └───────────────────[MOV    K4M100    D100]──
```

图 7-10　编制 CH1 通道采样数据并存储到 D100 中的程序

程序解释：当 X0 接通时，PLC 把 0#模块 BFM#0 开始的两个数据读入到 PLC 中控制 M100～M111 继电器的状态，低 8 位送 M100～M107，高 4 位送 M108～M111。通过传送指令 MOV 把 K4M100 的数据存到数据寄存器 D100 中。

（6）合并优化程序，如图 7-11 所示。

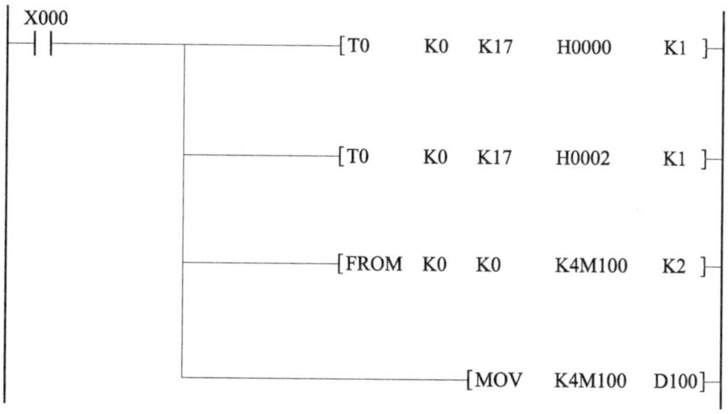

```
 X000
──┤├──────┬───────────────────[T0    K0    K17    H0000    K1]──
          │
          ├───────────────────[T0    K0    K17    H0002    K1]──
          │
          ├───────────────────[FROM  K0    K0    K4M100    K2]──
          │
          └───────────────────[MOV   K4M100    D100]──
```

图 7-11　合并优化程序

【知识拓展】FX2N-AD 模块的标定调整方法

FX2N-AD 模拟量输入模块在出厂时标准规定为 0～10V 的电压输入，其对应的数字量为 0～4000。当模块的输入为 0～5V 或为电流输入时，就必须对其所对应的数字量之间的关系进行调整。FX2N-AD 模块的调整方法是通过面板上的外部零点调节器和增益调节器来重新设置零点值和增益值来完成的。下面以标定 0～5V 电压输入为例学习具体的调整方法。

步骤一：接线

按图 7-12 所示进行接线。在实际调节时，先按图 7-12 所示的连接在模块的端口接入一个电压，并且连接 PLC 及装有编程软件的计算机。

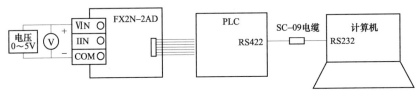

图 7-12　零点增益调整接线图

步骤二：编制模拟量输入读取程序

在 PLC 内部编制模拟量输入读取程序如图 7-10 所示，将模拟量转化后的数字量读入 PLC 的数据寄存器 D100 中。

步骤三：增益调整

（1）调整电源电压使电压表的读数为 5V。

（2）打开编程软件监视数据存储器 D100 的内容。

（3）转动增益调节器（顺时针转动数字增大），使 D100 的数值为 4000。

步骤四：零点调整

（1）调整电源电压使电压表的读数为 100mv。

（2）转动零点调节器，使 D100 的数值为 80。D00 的数值按正比例关系确定，即 4000/5V=D100/100mA。

步骤五：反复调整增益与零点值

（1）当完成步骤四的零点调整后，会使原来的增益调整值发生一些变化。因此，需要反复地按照先调增益后调零点值的顺序进行调整，直到获得稳定的数字值。

（2）如果读不到一个稳定的数值，可在程序中加入数字滤波程序来调整增益和零点值。

第三节　模拟量输入模块 FX2N-4AD 的应用

一、FX2N-4AD 介绍

模拟量输入模块 FX2N-4AD 如图 7-13 所示，该模块有 4 个输入通道，12 位高精度的 A/D 转换输入模块。其分辨率为 12 位。它的功能是将在一定范围内变化的电压或电流输入信号转换成相应的数字量供给 PLC 主机读取。FX2N-4AD 可用于连接 FX1N、FX2N、FX2NC 和 FX3U 等系列的程序控制系统。

图 7-13　FX2N-4AD 外形图

1. FX2N-4AD 功能

（1）模拟值的设定可以通过 4 个通道的电压或电流输入来完成。

（2）这四个通道的模拟输入值可以接受 ±10VDC（分辨率位 5mV）或 4～20mA、−20～+20mA。

（3）模拟量输入值是可调的，该模块 FX2N-4AD 占用 8 个 I/O。

2. FX2N-4AD 模拟量输入模块性能

FX2N-4AD 模拟量输入模块性能如表 7-4 所示。

表 7-4

FX2N-4AD 模拟量输入模块性能表

项　目	电压输入	电流输入
	电压或电流输入的选择基于对输入端子的选择，一次可同时使用 4 个输入点	
模拟输入范围	DC-10～+10V（输入阻抗：200kΩ）。注意：如果输入电压超过±15V，单元会被损坏	DC-20～+20mA（输入阻抗：250Ω）。注意：如果输入电流超过±32V，单元会被损坏
数字输出	12 位的转换结果以 16 位二进制补码方式存储。最大值：+2047，最小值：−2048	
分辨率	5mV（10V 默认范围：1/2000）	20μA（20mA 默认范围：1/1000）
总体精度	±1%（对于−10～+10V 的范围）	±1%（对于−20～+20mA 的范围）
转换速度	15ms/通道（常速），6ms/通道（高速）	

二、接线与标定

1. FX2N-4AD 的接线

FX2N-4AD 的接线如图 7-14 所示。

接线说明：

（1）模拟量输入通过双绞线屏蔽电缆来接收，电缆应远离电源线或其他可能产生电气干扰的电线。

（2）当电压输入存在电压波动时，连接一个 $0.1\sim0.47\mu F$ /25V DC 的电容器，如图 7-14 所示。

（3）如果存在过多的电气干扰，请连接 FG 的外壳地端和 FX2N-4AD 的地端。

（4）FX2N-4AD 模块需要外接 24V 直流电源，上下波动不要超过 2.4V，电流为 55MA。

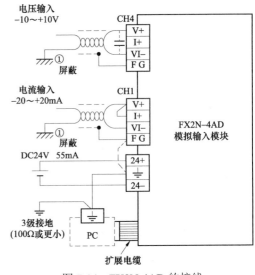

图 7-14　FX2N-4AD 的接线

2. FX2N-4AD 标定

FX2N-4AD 模块有 3 种模拟量输入标准：$-10\sim+10V$ DC、$4\sim20mA$ 或 $-20\sim+20mA$，如表 7-5 所示。4 个通道各输入何种标准，由通道字缓冲寄存器内容确定。

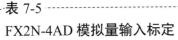

表 7-5

FX2N-4AD 模拟量输入标定

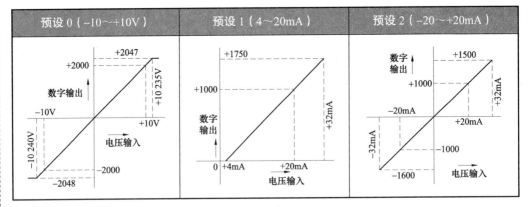

三、缓冲存储器 BFM# 功能分配

FX2N-4AD 模拟量输入模块共有 32 个 BMF 缓冲寄存器，编号为 BFM#0～BFM#31，各缓冲存储器中的单元功能分配见表 7-6。

表 7-6

缓冲存储器各单元的功能

BFM		内　容							
*#0		通道初始化，默认值=H0000							
*#1	通道 1	包含采样数（1～4096），用于得到平均结果。默认值设为 8——正常速度，高速操作可选择 1							
*#2	通道 2								
*#3	通道 3								
*#4	通道 4								
#5	通道 1	这些缓冲区包含采样数的平均输入值，这些采样数是分别输入在#1～#4 缓冲区中的通道数据							
#6	通道 2								
#7	通道 3								
#8	通道 4								
#9	通道 1	这些缓冲区包含每个输入通道读入的当前值							
#10	通道 2								
#11	通道 3								
#12	通道 4								
#13～#14		保留							
#15	选择 A/D 转换速度	如设为 0，则选择正常速度，15ms/通道（默认）							
		如设为 1，则选择高速，6ms/通道							
BFM		b7	b6	b5	b4	b3	b2	b1	b0
#16～#19		保留							
*#20		复位到缺省值和预设。默认值=0							
*#21		禁止调整偏移、增益值。默认值=（0,1）允许							
*#22	偏移，增益调整	G4	O4	G3	O3	G2	O2	G1	O1
*#23		偏移值　默认值=0							
*#24		增益值　默认值=5000							
#25～28		保留							
#29		错误状态							
#30		识别码 K2010							
#31		禁用							

FX2N-4AD 模拟量的功能是通过 BMF 缓冲寄存器的各个单元内容来设置完成的，下面具体介绍一下各缓冲寄存器的功能。

1. FX2N-4AD 模块的初始化

FX2N-4AD 模拟量输入模块在应用前必须对通道字、采样字和速度字的 BFM 存储器内容进行设置，这三个字的设置称为模块的初始化。

（1）通道字存储器 BFM#0——模拟量输入通道选择。

模拟量输入通道的选择是由 BFM#0 存储器的内容所决定的，设置 BFM#0 为 4 位十六进制数 H0000 控制，每一位代表输入控制通道，而每一位的数字都代表输入模拟量的类型，如图 7-15 所示。图中数值 O 可设置成数字 0、1、2 和 3，具体所表示的输入模拟量含义是：数字"0"表示–10～+10V DC 模拟量输入；数字"1"表示 4～20mA 模拟量输入；数字"2"表示–20～20mA 模拟量输入；数字"3"表示通道关闭。通常，出厂时设置为 H0000，即所有均设置为通道–10～+10V DC 模拟量输入。

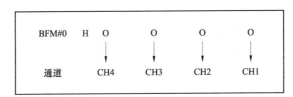

图 7-15　模拟量输入通道类型

例如：试说明通道字 H3201 的含义，如图 7-16 所示。

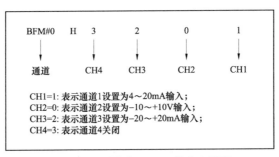

图 7-16　通道字 H3201 的含义解释

（2）采样字寄存器 BFM#1～BFM#4——平均值采样次数选择。

模拟量输入时，时常会在被测信号上混杂着一些干扰信号，为了滤除这些干扰信号，采用一种平均值滤波方式。所谓平均值滤波是对多次采样的数值进行相加后进行算数平均值处理后作为一次采样值送入由 PLC 读取的 BFM 中。

FX2N-4AD 采样字有 4 个，即 BFM#1～BFM#4，分别对应通道 CH1～CH4，其取值是 1～4096，一般取值为 4、6、8 就足够了，出厂值为 8。

例如：编制一段程序编号为#0 的模块是 FX2N-4AD，对通道 1 写入采样字为 4，其余通道关闭。程序如图 7-17 所示。

图 7-17　通道采样次数程序

程序解释：将采样字 4（采样 4 次的平均值）写入到#0 模块的 CH1 通道中，对 BFM#1 设置为 4。其余通道仍为出厂值 8，如果不用，则必须在通道字中将其关闭。如果控制要求每个通道字的采样值都不一样，那就要用指令 TO 一个一个地写入。

（3）速度字寄存器 BFM#15——通道的转换速度。

BFM#15 的设置表示模块的 A/D 转换速度，其设置如下。BFM#15=0：转换速度为 15ms/通道；BFM#15=1：转换速度为 6ms/通道。

应用时注意以下几点：

1）A/D 转换速度出厂值为 0。

2）为了保持高速转换率，应尽可能少使用 FROM/TO 指令。

3）如果程序中改变了转换速度后，则 BFM#1～BFM#4 将立即恢复出厂值 0。

4）如果模块的速度字与出厂值相同，则可以不用写初始化程序。

2. 数据读取缓冲寄存器 BFM#5～BFM#12

外部模拟量经过模块转换成数字量后，被存放在规定的缓冲存储器中，数字量以两种方式存放，一是以平均值存放，CH1～CH4 通道分别存放在 BFM#5～BFM#8 存储器中；二是以当前值存放，CH1～CH4 通道分别存放在 BFM#9～BFM#12 存储器中。PLC 通过读取指令把这些数值复制到内部数据存储器单元。

例如：试说明如图 7-18 所示的梯形图程序的执行含义。

图 7-18　梯形图

程序解释：当 M0 接通时，把 0#模块的 BFM#5 的内容（CH1 的平均值）送到 PLC 的 D100 存储器中，即 D100 存的是 CH1 的平均值。

3. 错误检查缓冲寄存器 BFM#29

FX2N-4AD 模拟量输入模块专门设置了一个缓冲寄存器 BFM#29 来保护发生错误状态时的错误信息，供查错和保护用。其状态信息见表 7-7。

表 7-7

BFM#29 状态信息表

BFM #29 的位设备	开（ON）	关（OFF）
b0：错误	b1～b4 中任何一个为 ON。 如果 b2～b4 中任何一个为 ON，所有 通道的 A/D 转换停止	无错误
b1：偏移/增益错误	在 EEPROM 中的偏移/增益数据不正常 或者调整错误	增益/偏移数据正常
b2：电源故障	24V DC 电源故障	电源正常
b3：硬件错误	A/D 转换器或其他硬件故障	硬件正常
b10：数字范围错误	数字输出值小于–2048 或大于+2047	数字输出值正常
b11：平均采样错误	平均采样数不小于 4097，或者 不大于 0（使用默认值 8）	平均正常（在 1～4096 之间）
b12：偏移/增益 调整禁止	禁止 BFM #21 的（b1,b0）设为（1,0）	允许 BFM #21 的（b1,b0） 设为（1,0）

例如：故障信息状态检查的程序如图 7-19 所示。

图 7-19　故障信息状态检查梯形图

程序解释：当 M8000 接通时，FROM 指令读取 BFM#29 存储器内的故障信息状态到组合元件 K4M10 中，取 1 位状态字即 M10（b0）位的状态控制流程。当 b0 出错时 M10 位接通，Y1 接通指示灯亮，表示有错，所有通道的 A/D 停止转换。

4. 模块识别缓冲寄存器 BFM#30

当 PLC 所接的模块较多时，为了识别各模块，应对这些模块设置一个相当于身份证的模块识别码。三菱 FX2N 系列的特殊模块的识别码固化在 BFM#30 的缓冲寄存器中。FX2N-4AD 的识别码为 K2010，在使用时可在程序中设置一个识别码校对程序，对指令读/写模块进行确认。如果模块正确，则继续执行后续程序；如果不是，则通过显示报警，并停止执行后续程序。

例如：试读如图 7-20 所示的 FX2N-4AD 识别码程序。

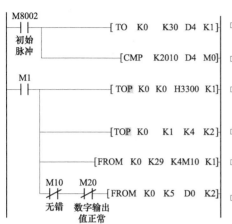

程序解释:

在"0"位置的特殊功能模块的ID号由BFM#30中读出,并保存在主单元的D4中。

比较该值以检查模块是否是FX2N-4AD,如是,则M1变为ON。

将H3300写入FX2N-4AD的BFM#0,建立模拟输入通道(CH1,CH2)。

分别将4写入BFM#1和#2,将CH1和CH2的平均采样数设为4。

FX2N-4AD的操作状态由BFM#29中读出,并作为FX2N主单元的位设备输出。

如果操作FX2N-4AD没有错误,则读取BFM的平均数据。此例中,BFM#5和#6被读入FX2N主单元,并保存D0~D1中。这些设备中分别包含了CH1和CH2的平均数据。

图 7-20　梯形图

5. 标定调整

标定调整主要就是对零点和增益两点值做程序修改,使之符合控制要求。在 FX2N-4AD 模拟量模块的标定调整是通过对缓冲寄存器进行设置调整,和 FX2N-2AD 的标定调整方法不一样,下面详细介绍 FX2N-4AD 标定调整的步骤与方法。

(1)设定 BFM#21 缓冲寄存器,选择对模块所有缓冲寄存器是否进行修改。

在进行标定调整时,必须设置 BFM#21 缓冲寄存器。设置内容是:BFM#21=K1 时(即 BFM#21 的 b1、b0 位设置成 0、1),允许调整;BFM#21=K2 时(即 BFM#21 的 b1、b0 位设置成 1、0),禁止调整。出厂值为 K1。当调整完毕后,应通过程序把 BFM#21 设置为 K2,防止进一步发生变化。

例如:如图 7-21 所示是设定 BFM#21 的梯形图程序。

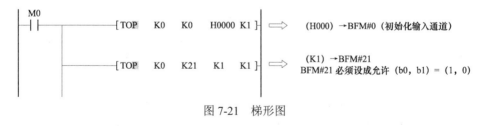

图 7-21　梯形图

(2)设定 BFM#22 缓冲寄存器,选择每个通道的零点和增益是否进行调整。

FX2N-4AD 有 4 个模拟量输入通道,每个通道均可独立调整零点和增益,一共有 8 个调整要进行是否允许调整选择。模块是通过对 BFM#22 的低 8 位位值来决定哪个通道的零点和增益是否进行调整,在调整字之前,要先将 BFM#22 单元全部置零,其设置如图 7-22 所示。

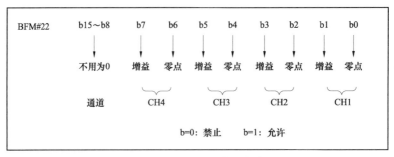

图 7-22   BFM#22 的设定字

例如：试读如图 7-23 所示的梯形图程序。

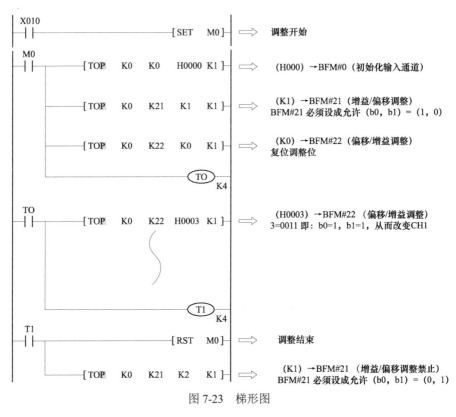

图 7-23   梯形图

（3）零点调整值写入 BFM#23 和增益调整值写入 BFM#24。

FX2N-4AD 模拟量输入模块提供了 BFM#23B 和 FM#24 两个缓冲寄存器作为零点和增益调整值的写入单元。出厂时，BFM#23=K0，BFM#24=K5000。

当调整时，可通过软件中编制程序来完成，外部不需要外接电压表和电流表，零点和增益的输入值的单位为 mV 或 μA。因此，所有电压或电流必须变换成 mV 或 μA 为单位的数值写入程序。例如，如果零点调整为 1V，则程序中应写入 1000mV；同样，如果增益为 5mA，则 5mA=5000μA，程序中应输入值为 5000。

【提示】

（1）BFM #0、#23 和#24 的值将复制到 FX2N-4AD 的 EEPROM 中。只有数据写入增益/偏移命令缓冲 BFM #22 中时才复制 BFM #21 和 BFM #22。同样，BFM #20 也可以写入 EEPROM 中。因此，写入 EEPROM 需要 300ms 左右的延迟，才能第二次写入。

（2）EEPROM 的使用寿命大约是 10 000 次（改变），因此，不要使用程序频繁地修改这些 BFM。

例如：通过软件设置零点值和增益值，要求 CH1 通道的零点值和增益值设置为 0V 和 2.5V，如图 7-24 所示为梯形图程序。

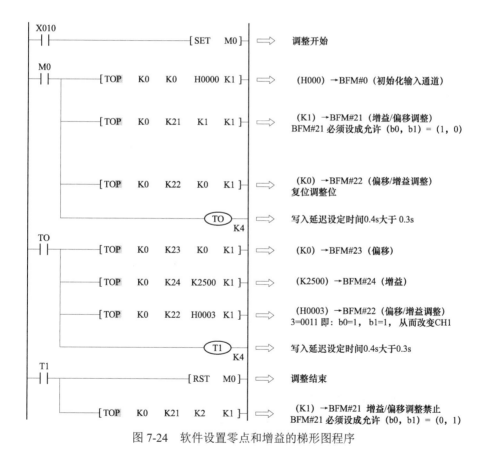

图 7-24 软件设置零点和增益的梯形图程序

四、检查与诊断

1. 初步检查

（1）检查输入配线和/或扩展电缆是否正确连接到 FX2N-4AD 模拟特殊功能块上。

（2）检查有无违背 FX2N 系统配置规则。例如：特殊功能模块的数量不能超过 8 个，并且总的系统 I/O 点数不能超过 256 点。

（3）确保应用中选择正确的输入模式和操作范围。

（4）检查在 5V 或 24V 电源上有无过载。应注意：FX2N 主单元或者有源扩展单元的负载是根据所连接的扩展模块或特殊功能模块的数目而变化的。

（5）设置 FX2N 主单元为 RUN 状态。

2. 错误诊断

如果特殊功能模块 FX2N-4AD 不能正常运行，请检查下列项目。

（1）检查电源 LED 指示灯的状态。如果点亮，则说明扩展电缆正确连接；否则，应检查扩展电缆的连接情况。

（2）检查外部配线。

（3）检查"24V"LED 指示灯的状态（FX2N-4AD 的右上角）。

如果点亮，则说明 FX2N-4AD 正常，24V DC 电源正常；否则，可能 24V DC 电源故障；如果电源正常，则是 FX2N-4AD 故障。

（4）检查"A/D"LED 指示灯的状态（FX2N-4AD 的右上角）。如果点亮，则说明 A/D 转换正常运行；否则，应检查缓冲存储器 BFM#29（错误状态）。如果任何一个位（b2 和 b3）是 ON 状态，那就是 A/D 指示灯熄火的原因。

【提高训练 1】FX2N-4AD 模拟量输入模块的使用

一、控制要求

编制 FX2N-4AD 模块应用程序，具体要求如下：

（1）FX2N-4AD 为 0#模块。

（2）CH1 与 CH2 为电压输入，CH3 与 CH4 关闭。

（3）采样次数为 4。

（4）用 PLC 的 D0、D1 接受 CH1、CH2 的平均值。

二、操作步骤

本任务不需要进行标定调整，其 FX2N-4AD 的使用步骤流程如图 7-25 所示。

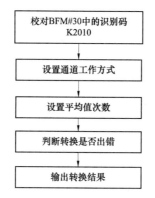

图 7-25　不需要标定调整的步骤流程图

根据流程图并结合控制要求进行分析，其操作步骤如下：

步骤一：模块识别

根据控制要求可知，模块型号是 FX2N-4AD，其识别码为 K2010，安装位置编号为 0，其模块识别程序如图 7-26 所示。

图 7-26　模块识别程序

步骤二：设置通道工作方式

根据控制要求分析，通道字的工作方式设定由 BFM#0 缓冲寄存器内容决定。第一个通道 CH1 为电压输入，那么第一通道应该设置成 0；第二个通道 CH2 为电压输入，那么第二通道应该设置成 0；CH3 与 CH4 关闭。因此，通道字是 H3300，程序如图 7-27 所示。

图 7-27　通道字设定程序

步骤三：设置平均值次数

根据控制要求可知，平均值采样次数为 4，转换速度数默认出厂值（默认出厂值时，这个字可以不写），其程序如图 7-28 所示。

在BFM#1、BFM#2中设定CH1、CH2计算平均值的取样次数为4。

图 7-28　采样字设定程序

步骤四：判断转换是否出错

BFM#29 缓冲寄存器专门用来保存发生错误状态时的错误信息。故障信息状态由 FROM 读取到组合位元件并控制程序的执行，程序如图 7-29 所示。

BFM#29的状态信息分别写到M～M10〔16位〕中。

图 7-29　判断转换是否出错程序

步骤五：输出转换结果

当判断转换正确后，可执行输出转换，程序如图 7-30 所示。

若无错，则BFM#5、BFM#6的内容将传送到PLC的D0D1。

图 7-30　输出转换程序

步骤六：合并程序

把以上分析的程序进行合并优化，如图 7-31 所示。

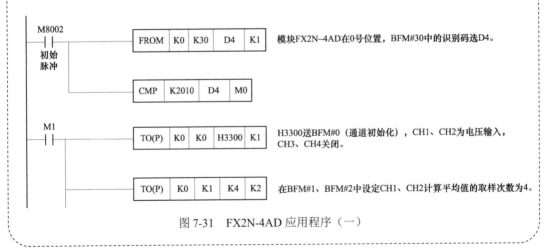

图 7-31　FX2N-4AD 应用程序（一）

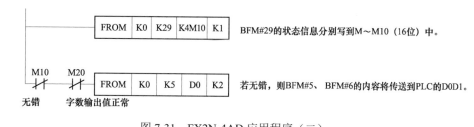

图 7-31　FX2N-4AD 应用程序（二）

【提高训练 2】FX2N-4AD 模拟量输入模块的使用

一、控制要求

编制 FX2N-4AD 模块应用程序，具体要求如下：

（1）FX2N-4AD 为 0#模块。

（2）CH1 电压输入，CH2 为电流输入（标准 4～20mA），要求 CH2 调整为 7～20mA。CH3 与 CH4 关闭。

（3）采样次数为 4。

（4）用 PLC 的 D0、D1 接受 CH1、CH2 的平均值。

二、操作步骤

本任务需要进行标定调整，其 FX2N-4AD 的使用步骤流程如图 7-32 所示。

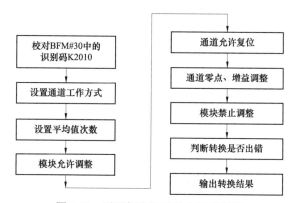

图 7-32　需要标定调整的步骤流程图

根据流程图并结合控制要求进行分析与使用，步骤如下：

步骤一：模块识别

根据控制要求可知，模块型号是 FX2N-4AD，其识别码为 K2010，安装位置编号为 0，其模块识别程序如图 7-33 所示。

图 7-33　模块识别程序

步骤二：设置通道工作方式

根据控制要求分析，通道字的工作方式设定是由 BFM#0 缓冲寄存器内容决定的。第一个通道 CH1 为电压输入，那么第一通道应该设置成 0；第二个通道 CH2 为电流输入（4～20mA），那么第二通道应该设置成 1；CH3 与 CH4 关闭。因此，通道字是 H3310，程序如图 7-34 所示。

图 7-34　通道字设定程序

步骤三：设置平均值次数

根据控制要求可知，平均值采样次数为 4，转换速度数默认出厂值（默认出厂值时，这个字可以不写），其程序如图 7-35 所示。

图 7-35　采样字设定程序

步骤四：模块允许调整

设 BFM#21=K1，允许模块调整，程序如图 7-36 所示。

图 7-36　允许模块调整程序

步骤五：通道复位

写入通道字之前，必须先把 BFM#22 单元通道复位清零，以上五步程序在写入缓冲寄存器后需要延迟大于 0.3s 后才能执行后续程序，因此，在程序中应加一延时程序，程序如图 7-37 所示。

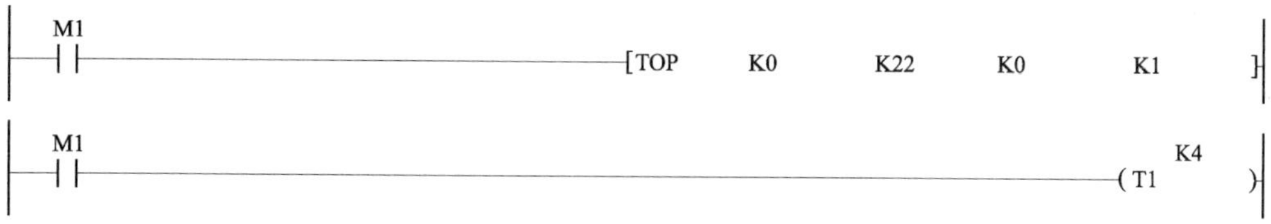

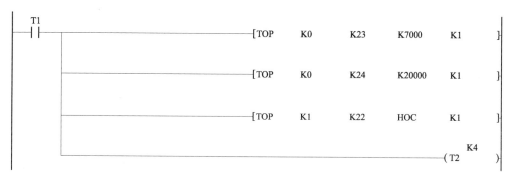

图 7-37　延时程序

步骤六：通道零点、增益调整

根据控制要求可知，CH1 通道是电压标准输入，其标定不许调整。CH2 通道为电流输入，要求调整为 7～20mA 电流输入，其程序中零点值为 7000，增益值为 20 000，程序如图 7-38 所示。

图 7-38　通道零点、增益调整的程序

步骤七：模块禁止调整

当上述标定调整完成后，编制一段程序禁止模块调整，防止程序进一步发生变化。程序如图 7-39 所示。

图 7-39　模块禁止调整程序

步骤八：判断转换是否输出

读 BFM#29 缓冲寄存器中的内容，如果无错，则执行后续程序，程序如图 7-40 所示。

图 7-40　判断转换是否输出程序

步骤九：输出转换结果

当第八步检查无误后，则读取通道 CH1、CH2 的平均值送到 D0、D1 中，程序如图 7-41 所示。

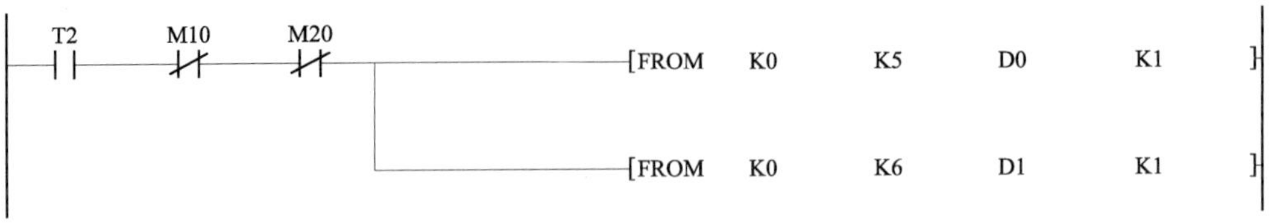

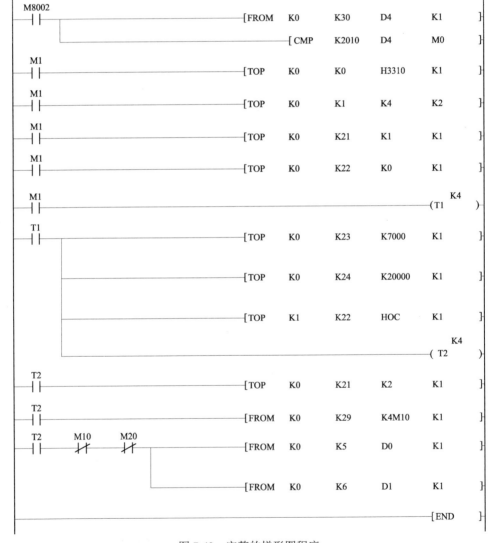

图 7-41　输出转换结果程序

步骤十：合并程序

根据以上步骤所编制的程序进行合并优化，得到完整的程序如图 7-42 所示。

图 7-42　完整的梯形图程序

第四节　模拟量输出模块 FX2N-2DA 的应用

一、FX2N-2DA 介绍

FX2N-2DA 模块是一种 2 通道，12 位高精度的 D/A 转换输出模块，如图 7-43 所示。它的功能是将 12 位数字值转换成 2 点模拟量输出（电压输出和电流输出），并将它们输入给 PLC 中。FX2N-2DA 可用于连接 FX0N、FX2N 和 FX2NC 系列的程序控制系统。

1. FX2N-2DA 功能

（1）可进行两个通道的模拟电压或电流输出，如 0～10V DC、0～5V DC 或者 4～20mA 信号。

（2）根据接线方式，模拟输出可在电压输出与电流输出中进行选择。

图 7-43　FX2N-2DA 模块

2. FX2N-2DA 模拟量输出模块性能

FX2N-2DA 模拟量输出模块性能见表 7-8。

表 7-8

FX2N-2DA 模拟量输出模块性能指标

项　目	输出电压	输出电流
模拟量输出范围	0～10V DC，0～5V DC	4～20mA
数字输出	12 位	
分辨率	2.5mV（10V/4000） 1. 25mV（5V/4000）	4mA（20mA/4000）
总体精度	满量程 1%	
转换速度	4ms/通道	
电源规格	主单元提供 5V/30mA 和 24V/85mA	
占用 I/O 点数	占用 8 个 I/O 点，可分配为输入或输出	
适用的 PLC	FX1N，FX2N，FX2NC	

1. FX2N-2DA 的接线

接线如图 7-44 所示。

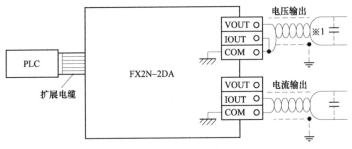

图 7-44　FX2N-2DA 的接线

接线说明：

（1）当电压输出存在波动或有大量噪声时，在图 7-44 中位置处连接 0.1～0.47mF/25V DC 的电容。

（2）对于电压输出，须将 IOUT 和 COM 进行短路。

2. FX2N-2DA 标定

FX2N-2DA 标定如表 7-9 所示。

表 7-9

FX2N-2DA 标定

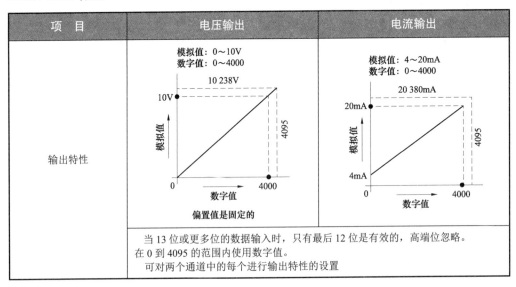

三、缓冲存储器 BFM# 功能分配

FX2N-2DA 缓冲存储器 BFM 各个单元的内容设置见表 7-10。

表 7-10

FX2N-2DA 缓冲存储器单元的内容设置

BFM 编号	b15~b8	b7~b3	b2	b1	b0
#0~#15	保留				
#16	保留	输出数据的当前值（8 位数据）			
#17	保留		D/A 低 8 位数据保持	通道 1 的 D/A 转换开始	通道 2 的 D/A 转换开始
#18 或更大	保留				

缓冲存储器的应用说明：

（1）BFM#16：存放由 BFM#17（数字值）指定通道的 D/A 转换数据。D/A 数据以二进制形式出现，现将 12 位数字量的低 8 位写入到 BFM#16 的低 8 位，高 4 位又写入BFM#16 的高 4 位。

（2）BFM#17 设置。

1）b0 位：通过将 1 变成 0，通道 2 的 D/A 转换开始。

2）b1 位：通过将 1 变成 0，通道 1 的 D/A 转换开始。

3）b2 位：通过将 1 变成 0，D/A 转换的低 8 位数据保持。

【提高训练】FX2N-2DA 模拟量输出模块的使用

下面通过编制一段程序来学习 FX2N-2DA 的应用。

步骤一：FX2N 系列 PLC 与 FX2N-2DA 接线

FX2N 系列 PLC 与 FX2N-2DA 接线，如图 7-45 所示。

（1）连接扩展电缆到 PLC 主机，当电源 LED 指示灯点亮，说明扩展电缆正确连接；指示灯灭或闪烁，则检查扩展电缆连接是否正常。

（2）FX2N-2DA 的标定出厂时为 0~10V 电压输出，其对应的数字量为 0~4000，模块就不需要标定调整。如果输出不符合输出特性时，使用时就必须对标定进行调整，具体调整方法可参考本节【知识拓展】。

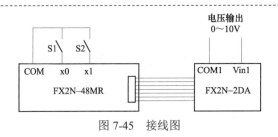

图 7-45　接线图

步骤二：编制程序

（1）确定 FX2N-2DA 的编号为 0 号。

（2）两个通道输出：CH1 输出数据存 D100 并转换到继电器 M100～M115；CH2 输出数据存 D110 并转换到继电器 M100～M115。

（3）编制程序如图 7-46 所示。

当 X000 接通时，通道 1 的输入执行数字到模拟的转换输出从 D100 转换到 M100～M115 继电器中。

当 X001 接通时，通道 2 的输入执行数字到模拟的转换输出从 D110 转换到 M100～M115 继电器中。

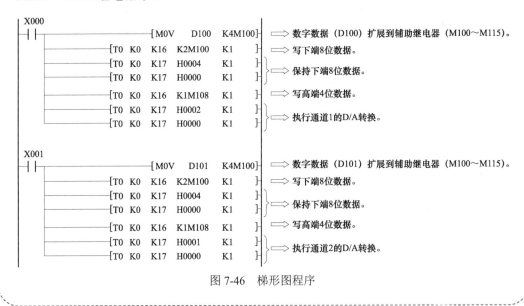

图 7-46　梯形图程序

【知识拓展】FX2N-2DA 零点和增益的调整

FX2N-2DA 的标定出厂时为 0～10V 电压输出，其对应的数字量为 0～4000，模块不需要标定调整。如果输出不符合输出特性，则使用时就必须对标定进行调整。

零点值和增益值的调节是对数字值设置实际的输出模拟值，如图 7-47 所示是根据 FX2N-2DA 设计的容量调节器它是使用电压表和电流表来完成的。

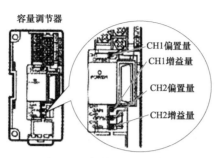

容量调节器

CH1偏置量
CH1增益量
CH2偏置量
CH2增益量

图 7-47　容量调节器示意图

步骤一：按图接线

在实际调节时，先按图 7-48 所示的连接在模块的输出端口接入一个电压，并且连接 PLC 及装有编程软件的计算机。

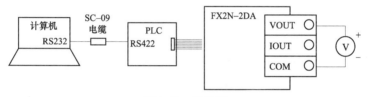

图 7-48　接线图

步骤二：编制模拟量输出程序

在 PLC 内部编制模拟量输出程序，如图 7-49 所示。

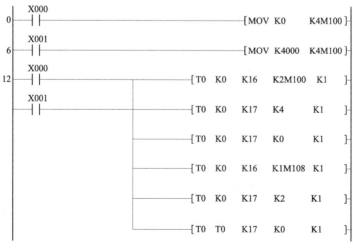

图 7-49　梯形图程序

233

步骤三：增益值调整

在程序输出数据寄存器中存入数值 4000，接通 X1，然后转动增益调节器，使电压表读数为标定值。

步骤四：零点值调整

在程序输出数据寄存器中存入数值 0，接通 X0，然后转动零点调节器，使电压表读数为标定值。

步骤五：反复交替调整

反复交替调整偏移值和增益值，直到获得稳定的数值。

第五节　模拟量输出模块 FX2N-4DA 的应用

一、FX2N-4DA 介绍

模拟量输出模块的作用刚好和输入模块相反，它是将数字信号转化成 0～10V 或 4～20mA 时用的。三菱 FX2N-4DA 模块提供了 12 位高精度分辨率的数字输入，有 4 个模拟量输出通道。FX2N-4DA 模块适用于 FX1N、FX2N、FX2NC 等系列。

1. FX2N-4DA 的功能

（1）输出的形式可为电压，也可为电流，其选择取决于接线不同。

（2）电压输出时模拟输出通道输出信号为 DC-10～+10V，DC0～5V；电流输出时为 4～20mA 或 0～20mA。

2. FX2N-4DA 模块的性能指标

FX2N-4DA 模块的性能指标见表 7-11。

表 7-11

FX2N-4DA 模块的性能指标

项　　目	输出电压	输出电流
模拟量输出范围	DC −10～+10V，DC 0～5V	0～20mA，4～20mA
数字输出	12 位	
分辨率	5mV	20μA

续表

项　　目	输出电压	输出电流
总体精度	满量程 1%	
转换速度	2.1ms/通道	
电源规格	24V/200mA	
占用 I/O 点数	占用 8 个 I/O 点	
适用的 PLC	FX1N，FX2N，FX2NC	

二、接线与标定

1. FX2N–4DA 接线

FX2N-4DA 接线示意图如图 7-50 所示。

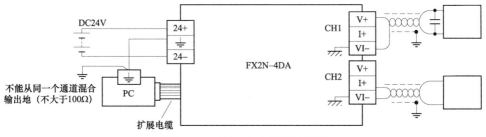

图 7-50　FX2N-4DA 接线示意图

接线说明：

（1）对于模拟输出使用双绞屏蔽电缆。电缆应远离电源线或其他可能产生电气干扰的电线。

（2）在输出电缆的负载端使用单点接地。

（3）如果输出存在电气噪声或者电压波动，可以连接一个平滑电容器（0.1～0.47μF，耐压 25V）。

（4）将 FX2N-4DA 的接地端和可编程控制器 MPU 的接地端连接在一起。

（5）将电压输出端子短路或者连接电流输出负载到电压输出端子可能会损坏 FX2N-4DA。

（6）不要将任何单元连接到标有"."的未用端子。

2. FX2N–4DA 标定

FX2N-4DA 有 3 种输出标定，如图 7-51 所示。

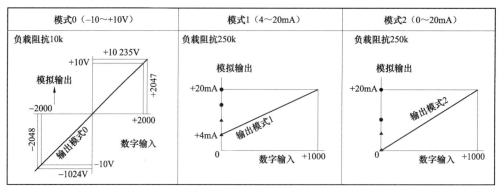

图 7-51　FX2N-4DA 标定

三、缓冲存储器 BFM# 功能分配

FX2N-4DA 的缓冲寄存器 BFM# 由 32 个 16 位的寄存器组成，编号为 BFM#0～#31。通过 FROM/TO 指令来对 FX2N-4DA 的缓冲寄存器 BFM 进行操作的。各缓冲存储器中的单元功能分配见表 7-12。

表 7-12

缓冲存储器各单元的功能

BFM		说　明
#0		通道初始化，出厂值 H0000
#1		CH1 的输出数据（初始值：0）
#2		BFM #2：CH2 的输出数据（初始值：0）
#3		CH3 的输出数据（初始值：0）
#4		CH4 的输出数据（初始值：0）
#5		数据保持模式
#6		保留
#7		保留
#8（E）		CH1、CH2 的偏移/增益设定命令，初始值 H0000
#9（E）		CH3、CH4 的偏移/增益设定命令，初始值 H0000
W	#10 偏移数据 CH1*1	单位：mV 或 μA 初始偏移值：0　输出 初始增益值：+5000 模式 0
	#11 增益数据 CH1*2	
	#12 增益数据 CH2*1	
	#13 增益数据 CH2*2	

续表

	BFM		说　　明
W	#14	偏移数据 CH3*1	单位：mV 或µA 初始偏移值：0　输出 初始增益值：+5000 模式 0
	#15	增益数据 CH3*2	
	#16	偏移数据 CH4*1	
	#17	增益数据 CH4*2	
#18，#19			保留
W	#20 （E）		初始化，初始值=0
	#21E		禁止调整 I/O 特性（初始值：1）
#22～#28			保留
#29			错误状态
#30			K3020 识别码
#31			保留

FX2N-4DA 模拟量的功能是通过 BMF 缓冲寄存器的各个单元内容来设置完成的，下面具体介绍一下各缓冲寄存器的功能。

1. FX2N-4DA 模块的初始化

（1）通道字寄存器 BFM#0——模拟量输入通道选择。

模拟量输出通道的选择是由 BFM#0 存储器的内容所决定的，设置 BFM#0 为 4 位十六进制数 H0000 控制，每一位代表输出控制通道，而每一位的数字都代表输出模拟量的类型，如图 7-52 所示。图中数值 O 可设置成数字 0、1、2 和 3，具体所表示的输入模拟量含义是：数字"0"表示-10～+10VDC 模拟量输出；数字"1"表示 4～20mA 模拟量输出；数字"2"表示 0～20mA 模拟量输出；数字"3"表示关闭通道。通常出厂时设置为 H0000，即所有均设置为通道-10～+10V DC 模拟量输出。模拟量通道没有关断输出，不需要时，输出通道设置为 0。

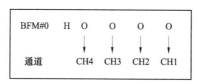

图 7-52　模拟量输出通道类型

例如：试说明通道字 H0201 的含义，如图 7-53 所示。

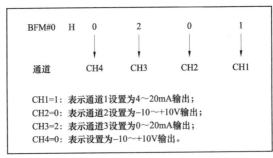

图 7-53　通道字 H0201 的含义解释

（2）BFM#5　数据保持字。

BFM#5 是用来决定当 PLC 处于停止（STOP）模式时，RUN 模式下的 CH1、CH2、CH3、CH4 的输出状态的最后值是保持输出还是回零。其值代表含义如下：

$$\text{H}\ \underset{\text{CH4}}{\text{O}}\ \underset{\text{CH3}}{\text{O}}\ \underset{\text{CH2}}{\text{O}}\ \underset{\text{CH1}}{\text{O}}$$ 　O=0：保持输出。
　　　　　　　　　　　　O=1：复位到偏移值。

例：H0011·········CH1 和 CH2 为偏移值；CH3 和 CH4 为输出保持。

2. BFM#1～BFM#4 数据输出存储器

FX2N-4DA 的数据是通过写指令 TO 来写入的，在程序中设置写入数据缓冲存储器中的指令程序，当执行写入程序时，输出缓冲存储器接受从 PLC 送来的数据，并立即进行 D/A 转换，把数字量转换成相应的模拟量输出控制负载执行器等。

（1）BFM#1 用来存放 CH1 的输出数字量。

（2）BFM#2 用来存放 CH2 的输出数字量。

（3）BFM#3 用来存放 CH3 的输出数字量。

（4）BFM#4 用来存放 CH4 的输出数字量。

3. 错误检查缓冲寄存器 BFM#29

FX2N-4AD 模拟量输入模块专门设置了一个缓冲寄存器 BFM#29 来保护发生错误状态时的错误信息，供查错和保护用。其状态信息见表 7-13。

表 7-13

BFM#29 状态信息表

位	名字	位设为"1"（打开）时的状态	位设为"0"（关闭）时的状态
b0	错误	b1～b4 任何一位为 ON	错误无错
b1	O/G 错误	EEPROM 中的偏移/增益数据不正常或者发生设置错误	偏移/增益数据正常

续表

位	名字	位设为"1"（打开）时的状态	位设为"0"（关闭）时的状态
b2	电源错误	24V DC 电源故障	电源正常
b3	硬件错误	D/A 转换器故障或者其他硬件故障	没有硬件缺陷
b10	范围错误	数字输入或模拟输出值超出指定范围	输入或输出值在规定范围内
b12	G/O 调整禁止状态	BFM #21 没有设为"1"	可调整状态（BFM #21=1）

4. 模块识别缓冲寄存器 BFM#30

三菱 FX2N 系列的特殊模块的识别码固化在 BFM#30 的缓冲寄存器中。FX2N-4DA 的识别码为 K3020，在使用时可在程序中设置一个识别码校对程序，对指令读/写模块进行确认。如果模块正确，则继续执行后续程序；如果不是，则通过显示报警，并停止执行后续程序。

5. 标定调整缓冲存储器

（1）BFM#21 模块调整字。设置 BFM#21=K1，允许调整；BFM#21=K2，禁止调整。出厂值为 K1。

（2）BFM#8、BFM#9 通道调整字。FX2N-4DA 的调整通道字是由 BFM#8 和 BFM#9 的相应数据位决定的，如果要改变通道 CH1～CH4 的偏移和增益值只有此命令输出后，当前值才会生效。其设置如图 7-54 所示。

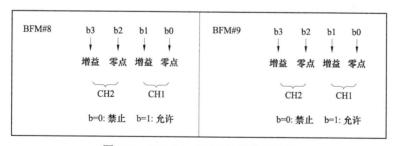

图 7-54　BFM#8、BFM#9 通道调整字

（3）BFM#10～BFM#17 零点与增益数据设置。FX2N-4DA 的 4 个通道的零点与增益调整值分别有 BFM#10～BFM#17 共 8 个缓冲存储器写入，如图 7-55 所示，写入数据的单位是 mV 和 μA。出厂值所有零点都为 H000，所有增益都为 H5000。

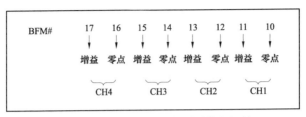

图 7-55　FX2N-4DA 零点增益数据调整

【提示】

（1）BFM #0、#5 和#21 的值保存在 FX2N-4DA 的 EEPROM 中。当使用增益/偏移设定命令 BFM #8、#9 时，BFM #10～BFM #17 的值将复制到 FX2N-4DA 的 EEPROM 中。同样，BFM #20 会导致 EEPROM 的复位。因此向内部 EEPROM 写入新值需要一定的时间，例如：BFM #10～BFM #17 的指令之间大约需要 3s 的延迟。因此，在向 BFM #10～BFM #17 写入之前，必须使用延迟定时器。

（2）EEPROM 的使用寿命大约是 10 000 次（改变），不要使用频繁修改这些 BFM 的程序。

6. BFM#20 复位缓冲存储器

BFM#20 为复位缓冲存储器，出厂值为 0。当 K1 写入到 BFM#20 的出厂值时，所有的值将被初始化。

四、检查与诊断

1. 初步检查

（1）检查输入配线和/或扩展电缆是否正确连接到 FX2N-4DA 模拟特殊功能块上。

（2）检查有无违背 FX2N 系统配置规则。例如：特殊功能模块的数量不能超过 8 个，并且总的系统 I/O 点数不能超过 256 点。

（3）确保应用中选择正确的输入模式和操作范围。

（4）检查在 5V 或 24V 电源上有无过载。应注意：FX2N 主单元或者有源扩展单元的负载是根据所连接的扩展模块或特殊功能模块的数目而变化的。

（5）设置 FX2N 主单元为 RUN 状态。

（6）打开或关闭模拟信号的 24V DC 电源后，模拟输出将起伏大约 1s。这是由 MPU 电源的延时或启动时刻的电压差异造成的。因此，采取预防性措施如图 7-56 所示，以避免输出的波动影响外部单元。

图 7-56　采取预防性措施示意图

2. 错误诊断

（1）如果特殊功能模块 FX2N-4DA 不能正常运行，请检查下列项目。

检查电源 LED 指示灯的状态。如果点亮，则说明扩展电缆正确连接；否则，应检查扩展电缆的连接情况。

（2）检查外部配线。

（3）检查"24V" LED 指示灯的状态（FX2N-4DA 的右上角）。

如果点亮，则说明 FX2N-4DA 正常，24V DC 电源正常；否则，可能是 24V DC 电源故障；如果电源正常，则是 FX2N-4DA 故障。

（4）检查"D/A" LED 指示灯的状态（FX2N-4DA 的右上角）。如果点亮，则说明 D/A 转换正常运行；否则，环境条件不符合 FX2N-4DA 或者 FX2N-4DA 有故障。

【提高训练】FX2N-4DA 模拟量输出模块的使用

一、控制要求

（1）FX2N-4DA 的模块位置编号为 1。

（2）四个通道输出：CH1 和 CH2 做电压输出通道（−10～+10V），CH3 做电流输出通道（4～20mA），CH4 做电流输出通道（0～20mA）。

（3）当 PLC 停止时，保持输出。

二、操作步骤

根据控制要求分析可知，四个通道的输出特性设置与出厂值一致，此时标定调整程序可省略。具体操作步骤如下：

步骤一：模块识别

根据控制要求可知，模块型号是 FX2N-4DA，其识别码为 K3020，安装位置编号为 0，其模块识别程序如图 7-57 所示。

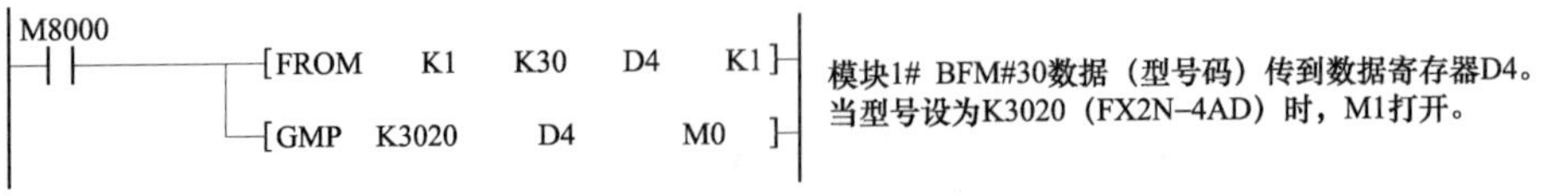

M8000
[FROM K1 K30 D4 K1]
[GMP K3020 D4 M0]
模块1# BFM#30数据（型号码）传到数据寄存器D4。
当型号设为K3020（FX2N-4AD）时，M1打开。

图 7-57　模块识别程序

步骤二：模拟量输出通道选择

根据控制要求分析，模拟量输出通道选择设定是由 BFM#0 缓冲寄存器内容决定的。第一个通道 CH1 为电压输出，那么第一通道应该设置成 0；第二个通道 CH2 为电压输出，那么第二通道应该设置成 0；CH3 为电流输出（4～20mA），第三通道设置成 1；CH4 为电流输出（0～20mA），第四通道设置成 2。因此，通道字是 H2100，程序如图 7-58 所示。

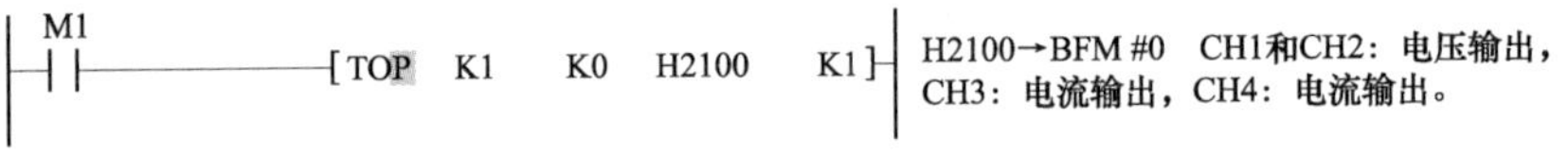

M1
[TOP K1 K0 H2100 K1]
H2100→BFM #0 CH1和CH2：电压输出，
CH3：电流输出，CH4：电流输出。

图 7-58　通道输出选择梯形图

步骤三：输出保持

输出保持程序如图 7-59 所示。

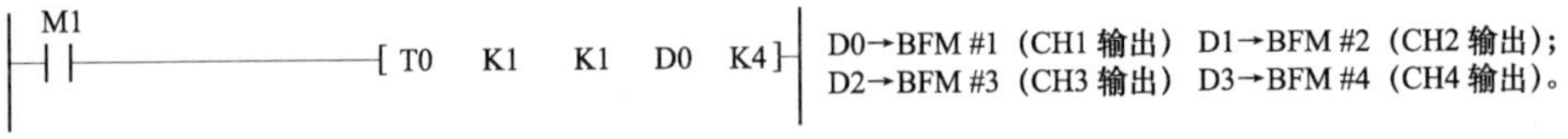

M1
[T0 K1 K1 D0 K4]
D0→BFM #1（CH1 输出） D1→BFM #2（CH2 输出）；
D2→BFM #3（CH3 输出） D3→BFM #4（CH4 输出）。

图 7-59　通道输出保持程序

步骤四：判断转换是否输出

读 BFM#29 缓冲寄存器中的内容，如果无错，则执行后续程序，程序如图 7-60 所示。

M1
[FROM K1 K29 K4M10 K1]
BFM #29（b15～b0）→（M25～M10）
读出状态数据。
M10
M20
M3
无错
输出数据不正常

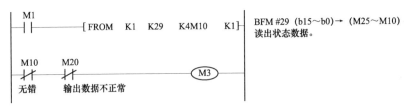

图 7-60　判断转换是否输出程序

步骤五：合并程序

根据以上步骤所编制的程序进行合并优化，得到完整的程序如图 7-61 所示。

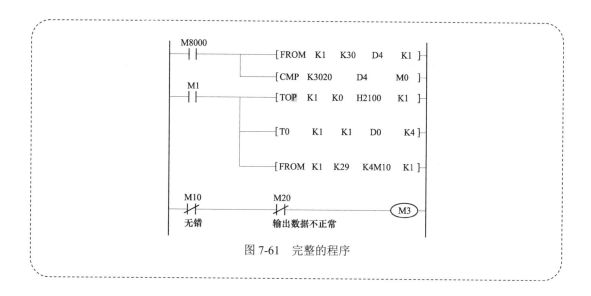

图 7-61　完整的程序

第六节　温度传感器用模拟量输入模块 FX2N-4AD-PT 的应用

一、FX2N-4AD-PT 介绍

温度控制是模拟量控制中应用比较多的物理量控制，三菱公司为了方便温度传感器的接入，专门开发了温度传感器用模拟量输入模块 FX2N-4AD-PT 和 FX2N-4AD-TC。它们可以直接外接热电阻和热电偶，而变送器和 A/D 转换均由模块自动完成。

FX2N-4AD-PT 是热电阻 PT100 传感器输入模拟量模块，FX2N-4AD-TC 是热电偶（K型、J型）传感器输入模拟量模块。下面主要介绍 FX2N-4AD-PT 温度模拟量模块。

1. FX2N-4AD-PT 功能

（1）FX2N-4AD-PT 模拟量输入模块来自 4 个箔温度传感器（PT100，3 线，1000）的输入信号放大，并将数据转换成 12 位的可读数据，存储到主处理单元中。

（2）所有的数据传输和参数设置都以通过 FX2N-4AD-PT 的软件控制来调整。

（3）温度模块有两种温度读取：摄氏温度和华氏温度，应用时需注意。

2. FX2N-4AD-PT 性能指标

FX2N-4AD-PT 性能指标见表 7-14。

表 7-14

FX2N-4AD-PT 性能指标

项目	摄氏度（℃）	华氏度（℉）
模拟量输入信号	箔温度 PT100 传感器（100W），3 线，4 通道	
传感器电流	PT100 传感器 100W 时 1mA	
补偿范围	−100～+600℃	−148～+1112℉
数字输出	−1000～+6000	−1480～+11 120
	12 转换（11 个数据位+1 个符号位）	
最小分辨率	0.2～0.3℃	0.36～0.54℉
整体精度	满量程的 ±1%	
转换速度	15ms	
电源	主单元提供 5V/30mA 直流，外部提供 24V/50mA 直流	
占用 I/O 点数	占用 8 个点，可分配为输入或输出	
适用 PLC	FX1N，FX2N，FX2NC	

二、接线与标定

FX2N-4AD-PT 的接线如图 7-62 所示。

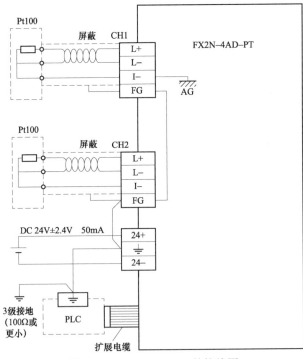

图 7-62　FX2N-4AD-PT 的接线图

接线说明：

（1）FX2N-4AD-PT 应使用 PT100 传感器的电缆或双绞屏蔽电缆作为模拟输入电缆，并且和电源线或其他可能产生电气干扰的电线隔开。

（2）可以采用压降补偿的方式来提高传感器的精度。如果存在电气干扰，将电缆屏蔽层与外壳地线端子（FG）连接到 FX2N-4AD-PT 的接地端和主单元的接地端。如可行的话，可在主单元使用 3 级接地。

（3）FX2N-4AD-PT 可以使用可编程控制器的外部或内部的 24V 电源。

FX2N-4AD-PT 有两种温度标定如图 7-63 所示，一种是摄氏温度；另一种是华氏温度，可以根据需要来选择。

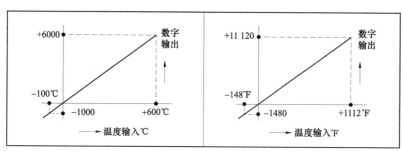

图 7-63　FX2N-4AD-PT 标定

三、缓冲存储器 BFM# 功能分配

FX2N-4AD-PT 缓冲存储器 BFM 各个单元的内容设置见表 7-15。

表 7-15

FX2N-4AD-PT 缓冲存储器单元的内容设置

BFM	内　容
#1～#4	将被平均的 CH1～CH4 的平均温度可读值（1～4096）默认值=8
#5～#8	CH1～CH4 在 0.1℃ 单位下的平均温度
#9～#12	CH1～CH4 在 0.1℃ 单位下的当前温度
#13～#16	CH1～CH4 在 0.1℉ 单位下的平均温度
#17～#20	CH1～CH4 在 0.1℉ 单位下的当前温度
#21～#27	保留
#28	数字范围错误锁存
#29	错误状态
#30	识别号 K2040
#31	保留

FX2N-4DA-PT 模拟量的功能是通过 BMF 缓冲寄存器的各个单元内容来设置完成的，下面具体介绍一下各缓冲寄存器的功能。

1. BFM#1～#4 采样字

CH1～CH4 平均温度的采样次数被分配给 BFM#1～#4。采样字只有 1～4096 的范围是有效的，溢出的值将被忽略，默认值为 8。

2. 温度读取缓冲存储器

（1）平均值温度读取缓冲存储器。

BFM #5～#8 为 CH1～CH4 平均摄氏温度读取缓冲存储器。

BFM#13～#16 为 CH1～CH4 平均华氏温度读取缓冲存储器。

（2）当前值温度读取缓冲存储器。

BFM#9～#12 为 CH1～CH4 当前摄氏温度读取缓冲存储器。这个数值以 0.1℃为单位，分辨率为 0.2～0.3℃。

BFM#17～#20 为 CH1～CH4 当前华氏温度读取缓冲存储器。这个数值以 0.1℉为单位，分辨率为 0.36～0.54℉。

3. BFM#28 数字范围错误锁存缓冲存储器

BFM#28 是数字范围错误锁存，主要功能是当测量温度值发生过高（断线）或过低时，能记录错误信息。它锁存每个通道的错误状态如表 7-16 所示。

表 7-16

FX2N−4AD-PT BFM#28 位信息

b15～b8	b7	b6	b5	b4	b3	b2	b1	b0
未用	高	低	高	低	高	低	高	低
	CH4		CH3		CH2		CH1	

表 7-16 中，每个通道低位表示当测量温度下降，并低于最低可测量温度极限时，对应位为 ON；"高"表示当测量温度升高，并高于最高可测量温度极限或者热电偶断开时，对应位为 ON。

在测量中，如果出现错误，则在错误出现之前的温度数据被锁存。如果测量值返回到有效范围内，则温度数据返回正常运行，但错误状态仍然被锁存在 BFM#28 中。当错误消除后，可用 TO 指令向 BFM#28 写入 K0 或者关闭电源，以清除错误锁存。

4. 错误检查缓冲寄存器 BFM#29

FX2N-4AD-PT 温度模拟量输入模块专门设置了一个缓冲寄存器 BFM#29 来保护发生错误状态时的错误信息，供查错和保护用。其状态信息见表 7-17。

表 7-17

BFM#29 状态信息表

BFM #29 的位设备	开	关
b0：错误	如果 b1～b3 中任何一个为 ON，则出错通道的 A/D 转换停止	无错误
b1：保留	保留	保留
b2：电源故障	DC24V 电源故障	电源正常
b3：硬件错误	A/D 转换器或其他硬件故障	硬件正常
b4～b9：保留	保留	保留
b10：数字范围错误	数字输出/模拟输入值超出指定范围	数字输出值正常
b11：平均错误	所选平均结果的数值超出可用范围（参考 BFM #1～#4）	平均正常（在 1～4096 之间）
b12～b15：保留	保留	保留

5. 模块识别缓冲存储器 BFM#30

FX2N-4AD-PT 的识别码为 K2040，它就存放在缓冲存储器 BFM#30 中。在传输/接收数据之前，可以使用 FROM 指令读出特殊功能模块的识别码，以确认正在对此特殊功能模块进行操作。

四、检查与诊断

1. 初步检查

（1）检查输入配线和/或扩展电缆是否正确连接到 FX2N-4AD-PT 模拟量模块上。

（2）检查有无违背 FX2N 系统配置规则。例如：特殊功能模块的数量不能超过 8 个，并且总的系统 I/O 点数不能超过 256 点。

（3）确保应用中选择正确的输入模式和操作范围。

（4）检查在 5V 或 24V 电源上有无过载。应注意：FX2N 主单元或者有源扩展单元的负载是根据所连接的扩展模块或特殊功能模块的数目而变化的。

（5）设置 FX2N 主单元为 RUN 状态。

2. 错误诊断

如果特殊功能模块 FX2N-4AD-PT 不能正常运行，请检查下列项目。

（1）检查电源 LED 指示灯的状态。如果点亮，则说明扩展电缆正确连接；否则，应检查扩展电缆的连接情况。

（2）检查外部配线。

（3）检查"24V"LED 指示灯的状态（FX2N-4AD 的右上角）。

如果点亮，则说明 FX2N-4AD-PT 正常，24V DC 电源正常；否则，可能 24V DC 电源故障；如果电源正常，则是 FX2N-4AD 故障。

（4）检查"A/D"LED 指示灯的状态（FX2N-4AD 的右上角）。如果点亮，则说明 A/D 转换正常运行；如果灯熄火，则可能是 FX2N-4AD-PT 发生故障。

【提高训练】FX2N-4AD-PT 温度模块的使用

一、控制要求

（1）FX2N-4AD-PT 模块占用特殊模块 2 的位置（即紧靠可编程控制器第三个模块）。

（2）平均采样次数是 4。

（3）输入通道 CH1～CH4 以℃表示的平均温度值分别保存在数据寄存器 D0～D3 中。

二、设计 PLC 控制程序

根据控制要求进行分析，编制其程序如图 7-64 所示。

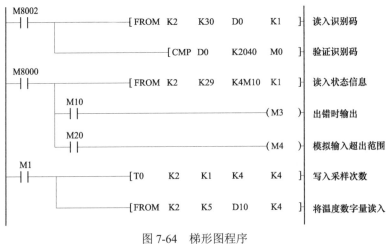

图 7-64　梯形图程序

第八章 PLC 通信控制

第一节 通信基本知识

通信协议是指通信双方在数据传输控制中的一种规定，通信双方必须有规定的通信接口、通信格式、数据格式、同步方式、传输速率、纠错方式、控制字符等一系列的内容，通信双方必须同时遵守。一般通信协议应该包括两部分内容：一是硬件通信协议，即通信接口标准；二是软件通信协议，即通信协议。

一、硬件通信协议——串口数据接口标准

串口是串行接口的简称，在 PLC 控制系统中，常采用的是 RS232 和 RS485 串行接口标准，下面对 RS-232 和 RS-485 进行详细介绍。

1. RS-232 串行通信接口标准

RS-232-C 接口（又称 EIA RS-232-C）是目前最常用的一种串行通信接口。它是在 1970 年由美国电子工业协会（EIA）联合贝尔系统、调制解调器厂家及计算机终端生产厂家共同制订的用于串行通信的标准。它的全名是"数据终端设备（DTE）和数据通信设备（DCE）之间串行二进制数据交换接口技术标准"，它对连接电缆和机械要求、电气特性、信号功能及传送过程等作了具体的定义。目前，在 PC 机上的 COM1、COM2 接口都是 RS-232 接口。

（1）RS-232 的电气特性。RS-232-C 对电气特性、逻辑电平和各种信号线功能都作了规定。

在 TxD 和 RxD 上：逻辑 1（MARK）=−15～−3V；逻辑 0（SPACE）=+3～+15V。

在 RTS、CTS、DSR、DTR 和 DCD 等控制线上：信号有效（接通，ON 状态，正电压）=+3V～+15V；信号无效（断开，OFF 状态，负电压）=−15V～−3V。

以上规定说明了 RS-323-C 标准对逻辑电平的定义。对于数据（信息码）：逻辑"1"（传号）的电平低于−3V，逻辑"0"（空号）的电平高于+3V。对于控制信号：接通状态（ON）即信号有效的电平高于+3V，断开状态（OFF）即信号无效的电平低于−3V，也就是当传输电平的绝对值大于 3V 时，电路可以有效地检查出来，介于−3～+3V 之间的电压

无意义，低于–15V 或高于+15V 的电压也认为无意义，因此，实际工作时，应保证电平在 ±（3～15）V 之间。

（2）RS-232 的物理接口 DB9 连接器。在计算机与终端通信中一般只使用 3～9 条引线。RS-232-C 最常用的 9 条引线的信号内容的 RS-232-C 接口连接器如图 8-1 所示。各引脚定义见表 8-1。

图 8-1　DB9 连接器示意图

表 8-1

RS-232 接口引脚定义

DB9 引脚序号	信号名称	符号	流向	功能
3	发送数据	TXD	DTE→DCE	DTE 发送串行数据
2	接收数据	RXD	DTE←DCE	DTE 接收串行数据
7	请求发送	RTS	DTE→DCE	DTE 请求 DCE 将线路切换到发送方式
8	允许发送	CTS	DTE←DCE	DCE 告诉 DTE 线路已接通可以发送数据
6	数据设备准备好	DSR	DTE←DCE	DCE 准备好
5	信号地	GND		信号公共地
1	载波检测	DCD	DTE←DCE	表示 DCE 接收到远程载波
4	数据终端准备好	DTR	DTE→DCE	DTE 准备好
9	振铃指示	RI	DTE←DCE	表示 DCE 与线路接通，出现振铃

常见的 RS-232 的接线标准是 3 条线，两根数据线和一根地线，即两个 RS-232 设备的发送端（TXD）和接收端（RXD）及接地端（GND）。这种方式分别将两端的 S232 接口的 2-3，3-2，5（7）-5（7）针脚连接起来。其中 2 是数据接收线（RXD），3 是数据发送线（TXD），5（7）是接地（RND），如图 8-2 所示。

（3）RS-232 采用电缆及长度。RS-232 应采用屏蔽电缆。电缆长度：在通信速率低于 20kbit/s 时，RS-232-C 所直接连接的最大物理距离为 15m；在 9600kbit/s 的时候可以达到 50m。因此，RS-232 不能进行长距离传输。

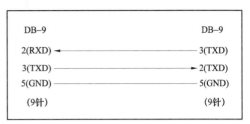

图 8-2　RS-232 标准接线

（4）RS-232 接口标准的不足之处，主要有以下四点。

1）接口的信号电平值较高，易损坏接口电路的芯片，又因为与 TTL 电平不兼容，故需使用电平转换电路方能与 TTL 电路连接。

2）传输速率较低，在异步传输时，波特率为 20kbit/s。

3）接口使用一根信号线和一根信号返回线构成共地的传输形式，这种共地传输容易产生共模干扰，所以抗噪声干扰性弱。

4）传输距离有限，最大传输距离在 50m 左右。

2. RS-485 串行通信接口标准

针对 RS-232 接口的不足，陆续出现了一些新的接口标准，RS-485 就是其中之一。

（1）RS-485 串行通信接口标准的特点。

1）RS-485 的电气特性：逻辑"1"以两线间的电压差为+（2～6）V 表示；逻辑"0"以两线间的电压差为-（2～6）V 表示。接口信号电平比 RS-232 降低了，就不易损坏接口电路的芯片，且该电平与 TTL 电平兼容，可方便与 TTL 电路连接。

2）RS-485 的数据最高传输速率为 10Mbit/s。

3）RS-485 接口是采用平衡驱动器和差分接收器的组合，抗共模干扰能力增强，即抗噪声干扰性好。

4）RS-485 接口的最大传输距离可达 3000m，另外 RS-232 接口在总线上只允许连接 1 个收发器，即单站能力。而 RS-485 接口在总线上允许连接多达 128 个收发器，即具有多站能力，这样用户可以利用单一的 RS-485 接口方便地建立起设备网络。

5）RS-485 接口组成的半双工网络，一般只需两根连线（一般叫 AB 线），所以 RS-485 接口均采用屏蔽双绞线传输。因此，RS-485 现已成为首选的串口通信接口标准。

（2）RS-485 物理接口。RS-485 接口组成的半双工网络，一般只需两根连线，所以 RS-485 接口均采用屏蔽双绞线传输。RS-485 接口连接器采用 DB-9 的 9 芯插头座，与智能终端 RS-485 接口采用 DB-9（孔），与键盘连接的键盘接口 RS-485 采用 DB-9（针）。普通的 PC 机不带 RS-485 接口，但是工业工控机基本都有此配置。在变频器、PLC 中有的直接用接线端子进行双绞线连接，还有的使用水晶头 J45 或 RJ11。

RS-485 端口接线有两线制和四线制两种方式，如图 8-3 和图 8-4 所示。接线图中的电阻 R 为终端电阻，终端电阻接在传输总线的两端。RS-485 需要 2 个终端电阻，其阻值要求等于传输电缆的特性阻抗。在短距离传输时可不需接终端电阻，即一般在 300m 以下不需接终端电阻。

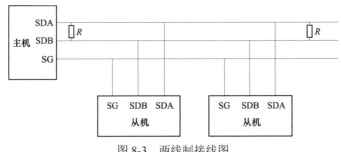

图 8-3　两线制接线图

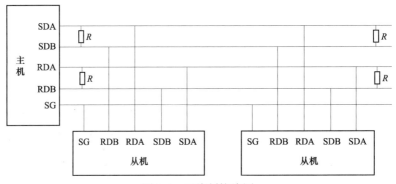

图 8-4　四线制接线图

二、软件通信协议

习惯上将仅需要对传输的数据格式、传输速率等参数进行简单设定即可实现数据交换的通信，称为"无协议通信"。而将需要安装专用通信工具软件，通过工具软件中的程序对数据进行专门处理的通信，称为"专用协议通信"。

1. 无协议通信

无协议通信是仅需要对数据格式、传输速率、起始/停止码等进行简单设定，PLC 与外部设备间进行直接数据发送与接收的通信方式。

无协议通信一般需要通过特殊的 PLC 应用指令进行。在数据传输过程中，可以通过应用指令的控制进行数据格式的转换，如 ASCII 码与 HEX（16 进制）的转换、帧格式的转换等。无协议通信的优点是外部设备不需要安装专用通信软件，因此，可以用于很多简单外设如打印机、条形码阅读器等的通信。

2. 专用协议通信

专用协议通信是指通过在外部设备上安装 PLC 专用通信工具软件，进行 PLC 与外部设备之间数据交换的通信方式。

专用协议通信的优点是可以直接使用外部设备进行 PLC 程序、PLC 的编程元件状态的读出、写入、编辑，特殊功能模块的缓冲存储器读写等；还可以通过远程指令控制 PLC 的运行与停止，或进行 PLC 的运行状态监控等。但外部设备应保证能够安装，且必须安装 PLC 通信所需要专用的工具软件。一般而言，在安装了专用的工具软件后，外部设备可以自动创建通信应用程序，无需 PLC 编程即可直接进行通信。

3. 双向协议通信

双向协议通信是通过通信接口，使用 PLC 通信模块的信息格式与外部设备进行数据发送与接收的通信方式。双向协议通信一般只能用于 1:1 连接方式，并需要通过特殊的 PLC 应用指令进行。在数据传输过程中，可以通过应用指令的控制进行数据格式的转换，如 ASCII 码与 HEX（16 进制）的转换、帧格式的转换等。

双向协议通信数据在发送与接收时，一般需要进行"和"校验。双向协议通信的外部设备如果能够按照通信模块的信息格式发送/接收数据，则不需要安装专用通信软件。通信过程中，需要通过数据传送响应信息 ACK、NAK 等进行应答。

第二节　PLC 网络通信

PLC 的通信是实现工厂自动化的重要途径，是通过硬件和软件来实现的。硬件上有专门的通信接口和通信模块；软件上有现成的通信功能指令和上位通信程序。PLC 的通信包括 PLC 之间，PLC 与上位计算机和其他智能设备之间的通信。三菱公司 FX 系列 PLC 支持 N:N 网络通信、并行链接通信、计算机链接、无协议通信和可选编程端口 5 种类型的通信。本节主要讲解通信模块和 PLC 与 PLC 之间的网络通信。

一、通信接口模块介绍

PLC 的通信模块是用来完成与别的 PLC，其他智能控制设备或计算机之间的通信。以下简单介绍 FX 系列通信用功能扩展板、适配器及通信模块。

1. 通信扩展板 FX2N-232-BD

如图 8-5 所示，FX2N-232-BD 是以 RS-232-C 传输标准连接 PLC 与其他设备的接口板，如个人计算机、条码阅读器或打印机等可安装在 FX2N 内部。其最大传输距离为 15m，最高波特率为 19 200bit/s，利用专用软件可实现对 PLC 运行状态监控，也可方便地由个人计算机向 PLC 传送程序。

图 8-5　FX2N-232-BD

图 8-6　FX2N-232-IF

图 8-7　FX2N-485-BD

图 8-8　FX2N-422-BD

2. 通信接口模块 FX2N-232-IF

如图 8-6 所示，FX2N-232-IF 连接到 FX2N 系列 PLC 上，可实现与其他配有 RS-232-C 接口的设备进行全双工串行通信，如个人计算机、打印机、条码阅读器等。在 FX2N 系列上最多可连接 8 块 FX2N-232-IF 模块。用 FROM/TO 指令收发数据。最大传输距离为 15m，最高波特率为 19 200bit/s，占用 8 个 I/O 点。数据长度、串行通信波特率等都可由特殊数据寄存器设置。

3. 通信扩展板 FX2N-485-BD

如图 8-7 所示，FX2N-485-BD 用于 RS-485 通信方式。它可以应用于无协议的数据传送。FX2N-485-BD 在原协议通信方式时，利用 RS 指令在个人计算机、条码阅读器、打印机之间进行数据传送。传送的最大传输距离为 50m，最高波特率也为 19 200bit/s。每一台 FX2N 系列 PLC 可安装一块 FX2N-485-BD 通信板，可以实现两台 FX2N 系列 PLC 之间的并联通信。

4. 通信扩展板 FX2N-422-BD

如图 8-8 所示，FX2N-422-BD 应用于 RS-422 通信。可连接在 FX2N 系列的 PLC 上，并作为编程或控制工具的一个端口。可用此接口在 PLC 上连接 PLC 的外部设备、数据存储单元和人机界面。利用 FX2N-422-BD 可连接两个数据存储单元（DU）或一个 DU 系列单元和一个编程工具，但一次只能连接一个编程工具。每一个基本单元只能连接一个 FX2N-422-BD，且不能与 FX2N-485-BD 或 FX2N-232-BD 一起使用。

二、PLC 网络的 1:1 通信方式

PLC 网络的 1:1 通信（并行链接通信）是两台 PLC 之间直接通信，类似于计算机通信中的"点对点通信"。如图 8-9 所示是两台 FX2N 主单元用两块 FX2N-485-BD 模块连接通信配置图。两台 PLC 之间通信，是利用通信参数设置主、从及通信方式。主站是对网络中其他设备发出初始化请求。从站只能响应主站的请求，不能发出初始化请求。这种通信方式，主站和从站是同时工作的，两个 PLC 都需要编写程序，数据

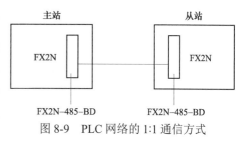

图 8-9　PLC 网络的 1:1 通信方式

的传送是通过 100 个继电器和 10 个 D 寄存器来完成的。

三、PLC 的 N:N 网络通信

N:N 通信方式又称为令牌总线通信方式，是采用令牌总线存取控制技术，在总线结构上的 PLC 子网上有 N 个站，它们地位平等没有主站与从站之分，也可以说 N 个站都是主站，所以称之为 N:N 通信方式。如图 8-10 所示是 PLC 的 N:N 网络通信系统配置。

N:N 通信方式在物理总线上组成一个逻辑环，让一个令牌在逻辑环中按一定方向依次流动，获得令牌的站就取得了总线使用权，令牌总线存取控制方式限定每个站的令牌有时间，保证在令牌循环一周时每个站都有机会获得总线使用权，并提供优先级服务。取得令牌的站采用什么样的数据传送方式对实时性影响非常明显。如果采用无应答数据传送方式，取得令牌的站可以立即向目的站发送数据，发送结束，通信过程也就完成了。如果采用有应答数据传送方式，取得令牌的站向目的站发送完数据后并不算通信完成，必须等目的站获得令牌并把答应帧发给发送站后，整个通信过程结束。这样一来响应明显增长，而使实时性下降。

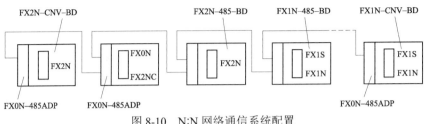

图 8-10　N:N 网络通信系统配置

四、PLC 与控制设备之间通信方式

PLC 与控制设备之间通信方式实际是 1:N 的主从总线通信式，这是在 PLC 通信网络上采用的一种通信方式。在总线结构的 PLC 子网上有 N 个站，其中只有一个主站，其他皆是从站，把 PLC 作为主站，其余的设备可作为从站，如图 8-11 所示。主站与任一从站可实现单向或双向数据传送，从站与从站之间不能互相通信，如果有从站之间的数据传送，则通过主站中转。主站编写通信程序，可对从站进行读写控制，控制从站的运行和修改从站的参数，也可以读取从站参数及运行状态作为监控与显示信息显示在触摸屏或文本控制器上。从站只设定相关的通信协议参数。

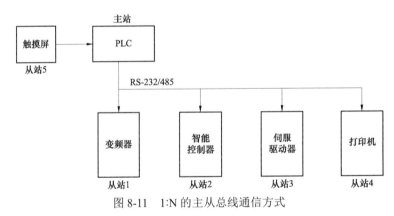

图 8-11　1:N 的主从总线通信方式

【提高训练】PLC 的 1:1 网络通信控制

一、系统控制要求

由两台 FX2N PLC 组成的 1:1 通信系统中，控制要求如下：

（1）主站点的输入 X0～X7 的 ON/OFF 状态输出到从站点的 Y0～Y7。

（2）当主站点的计算结果（D0+D2）大于 100 时，从站点 Y10 导通。

（3）从站点的 M0～M7 的 ON/OFF 状态输出到主站点的 Y0～Y7。

（4）从站点中 D10 的值被用来设置主站点中的定时器。

二、操作步骤

步骤一：硬件配置

根据控制要求分析，当两个 FX 系列的可编程控制器的主单元分别安装一块通信模块后，用单根双绞线连接即可，图 8-12 为两台 FX2N 主单元用两块 FX2N-485-BD 模块连接通信配置图。

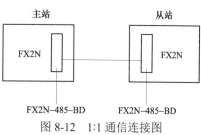

图 8-12 1:1 通信连接图

步骤二：系统软件设计

PLC 通信的基本思想是构建硬件连接网络，通过编写程序（梯形图），读取各站点 PLC 的公用软元件数据即可。

1. 相关标志和数据寄存器

对于 FX1N /FX2N/FX2NC 类可编程控制器，使用 N:N 网络通信辅助继电器，其中 M8038 用来设置网络参数，M8183 在主站点通信错误时为 ON，M8184～M8190 在从站点产生错误时为 ON（第 1 个从站点 M8184，第 7 个从站点 M8190），M8191 在与其他站点通信时为 ON。

数据寄存器 D8176 设置站点号，0 为主站点，1～7 为从站点号。D8177 设定从站点的总数，设定值 1 为 1 个从站点，2 为两个从站点。D8178 设定刷新范围，0 为模式 0（默认值），1 为模式 1，2 为模式 2。D8179 主站设定通信重试次数，设定值为 0～10。D8180 设定主站点和从站点间通信驻留时间，设定值为 5～255，对应时间为 50～2550ms。

在下面的通信程序中采用通信模式 1，此处给出模式 1 情况下（FX1N/FX2N/FX2NC），各站点中的公用软元件号见表 8-2。

表 8-2

模式 1 情况下的公用软元件号

站点号	软元件号	
	位软元件（M）	字软元件（D）
	32 点	4 点
第 0 号	M1000～M1031	D0～D3
第 1 号	M1064～M1095	D10～D13
第 2 号	M1128～M1159	D20～D23

续表

站点号	软元件号	
	位软元件（M）	字软元件（D）
	32 点	4 点
第 3 号	M1192～M1223	D30～D33
第 4 号	M1256～M1287	D40～D43
第 5 号	M1320～M1351	D50～D53
第 6 号	M1384～M1415	D60～D63
第 7 号	M1448～M1479	D70～D73

2. 通信程序编制

编程时设定主站和从站，应用特殊继电器在两台 PLC 间进行自动的数据传送，很容易实现数据通信连接。主站和从站的设定由 M8070 和 M8071 设定，另外，并行连接有一般和高速两种模式，由 M8162 的接通与断开来设定。

该配置选用一般模式（特殊辅助继电器 M8162：OFF）时，主从站的设定和通信用辅助继电器和数据寄存器如图 8-13 所示。

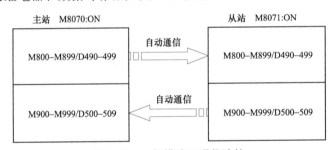

图 8-13　一般模式下通信连接

（1）根据控制要求，主站点梯形图如图 8-14 所示。

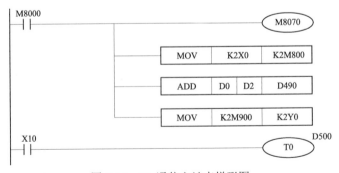

图 8-14　1:1 通信主站点梯形图

（2）从站点梯形图如图 8-15 所示。

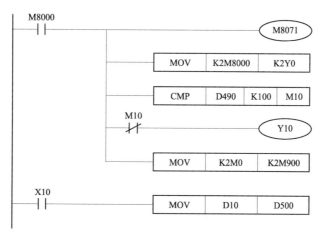

图 8-15　1:1 通信从站点梯形图

【提高训练】PLC 的 1:2 网络通信控制

一、系统控制要求

由三台 PLC 相互通信系统控制要求如下：

（1）主站点的输入点 X0～X3 输出到从站点 1 和 2 的输出点 Y10～Y13。

（2）从站点 1 的输入点 X0～X3 输出到主站和从站点 2 的输出点 Y14～Y17。

（3）从站点 2 的输入点 X0～X3 输出到主站和从站点 1 的输出点 Y20～Y23。

二、操作步骤

步骤一：网络硬件配置及电路

根据控制要求分析，系统硬件结构如图 8-16 所示，该系统有 3 个站点，其中一个主站，两个从站，每个站点的 PLC 都连接一个 FX2N-485-BD 通信板，通信板之间用单根双绞连接。刷新范围选择模式 1，重试次数选择 3，通信超时选 50ms。

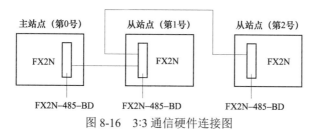

图 8-16　3:3 通信硬件连接图

步骤二：通信程序

（1）主站点的梯形图编制如图 8-17 所示。

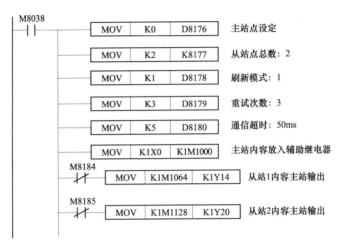

图 8-17　主站点梯形图

（2）从站点 1 的梯形图编制如图 8-18 所示。

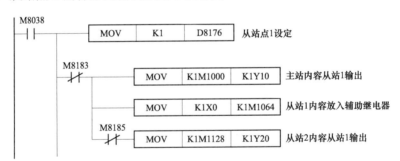

图 8-18　从站点 1 梯形图

（3）从站点 2 的梯形图编制如图 8-19 所示。

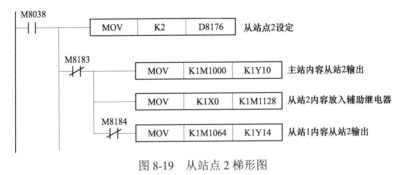

图 8-19　从站点 2 梯形图

第三篇

实 践 应 用

第九章 PLC 控制系统应用设计

在掌握了 PLC 基本工作原理和编程技术的基础上，就可以结合实际控制要求，应用 PLC 的功能设计出实际的工业控制系统。

PLC 的应用设计，首先应该详细分析 PLC 应用系统的规划与设计要求；然后，根据系统的控制要求选择合适的 PLC 机型，并对输入、输出进行合理安排，给定编号，进行控制系统的流程设计，画出较详细的程序流程图。

软件设计也就是梯形图设计，即编制程序。由于 PLC 所有的控制功能都是以程序的形式体现的，因此，大量的工作将用在程序设计上。

第一节 PLC 控制系统的规划与设计流程

在设计 PLC 控制系统方案时，首先应从以下方面进行总体规划。

一、PLC 控制系统的规划

1. 熟悉控制对象，确定控制范围

设计前，深入现场实地考察，全面了解被控对象的特点和生产工艺过程。同时，要搜集各种资料，归纳出工作状态流程图，并与有关的机械设计和实际操作人员交流和探讨，明确控制任务和设计要求，共同拟定出电气控制方案，归纳出电气执行组件的动作时序，实现 PLC 的根本控制任务。

2. 优化控制系统，确定 PLC 机型

在确定了控制对象和控制范围之后，需要制订相应的控制方案。在满足控制要求的前提下，力争使得设计出来的控制系统简单、可靠、经济以及使用和维修方便。控制方案的制订可以根据生产工艺和机械运动的控制要求，确定电气控制系统的工作方式：即是采用单机控制方式就可以满足要求，还是需要多机联网通信的方式。最后，综合考虑所有的要求，确定所要选用的 PLC 机型，以及其他的各种硬件设备。

3. 提高可靠性和安全性

在考虑完所有的控制细节和应用要求之后，还必须要特别注意控制系统的安全性和可靠性。大多数工业控制现场，充满了各种各样的干扰和潜在的突发状态。因此，在设计的最初阶段就要考虑到这方面的各种因素，到现场去观察和搜集数据。

4. 可升级性

在设计 PLC 控制系统的时候，应考虑到日后生产的发展和工艺的改进，而适当地对 I/O 端子口留有一些余量，方便日后的升级，一般预留 10%～15%就可以。

二、PLC 控制系统的设计流程

PLC 控制系统的设计流程图如图 9-1 所示，具体步骤如下：

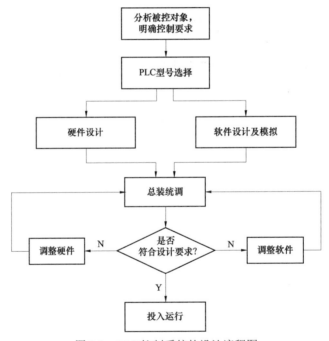

图 9-1　PLC 控制系统的设计流程图

1. 分析被控对象，明确控制要求

根据生产和工艺过程分析控制要求，确定控制对象及控制范围，确定控制系统的工作方式，如全自动、半自动、手动、单机运行、多机联合运行等。还要确定系统应有的其他功能，如故障检测、诊断与显示报警、紧急情况的处理、管理功能、联网通信功能等。在分析被控对象的基础上，根据 PLC 的技术特点，与继电器控制系统、DCS 系统、微机控

制系统进行比较，优选控制方案。

2. 确定所需要的 PLC 机型，以及用户 I/O 设备，据此确定 PLC 的 I/O 点数

选择 PLC 机型时应考虑生产厂家、性能结构、I/O 点数、存储容量、特殊功能等方面。选择过程中应注意：PLC 功能要强，结构要合理，I/O 控制规模要适当，I/O 功能及负载能力要匹配，以及对通信、系统响应速度的要求。此外，还要考虑电压的匹配等问题。如果是单机自动化或机电一体化产品，可选用小型机；如果控制系统较大，I/O 点数较多，控制系统比较复杂，则可选用中型或大型机。

根据系统的控制要求，确定系统的输入/输出设备的数量及种类，如按钮、开关、接触器、电磁阀和信号灯等；明确这些设备对控制信号的要求，如电压流的大小、直流还是交流、开关量还是模拟量和信号幅度等。据此确定 PLC 的 I/O 设备的类型、性质及数量。另外，还要考虑增加 10%～15% 的备用量。

3. 分配 PLC 的 I/O 地址，设计 I/O 连接图

根据已确定的 I/O 设备和选定的 PLC，列出 I/O 设备与 PLC 的 I/O 点的地址分配表，以便于编制控制程序、设计接线图及硬件安装。

4. 进行 PLC 的硬件设计和软件设计

硬件设计指电气线路设计，包括主电路及 PLC 外部控制电路、PLC 输入输出接线图、设备供电系统图、电气控制柜结构及电器设备安装图等。

软件设计包括状态表、状态转换图、梯形图、指令语句表等，控制程序设计是 PLC 系统应用中最关键的问题，也是整个控制系统设计的核心，一般工程人员在编程时首选梯形图编程。

5. 模拟调试

一般先要进行模拟调试，即不带输出设备，根据 I/O 模块的指示灯显示进行调试。发现问题及时修改或调整软、硬件设计，使之符合设计的要求。

6. 联机调试

所谓联机调试就是先连接电气柜而不带负载，各输出设备调试正常后，再接上负载运行调试，直到完全满足设计要求为止。

7. 完成 PLC 控制系统的设计，投入实际使用

总装统调后，还要经过一段时间的试运行，以检验系统的可靠性。

8. 技术文件整理

技术文件包括设计说明书、电气原理图和安装图、器件明细表、状态表、梯形图及软件使用说明书等。

第二节　PLC 控制系统的设计步骤

一、确定控制对象和控制范围

由图 9-1 可知，控制系统设计的第一步就是要先确定控制对象和控制范围。因为这样，才能知道 PLC 控制系统所应该具有的功能，从而去选择一款适合的 PLC 机型。

首先，要详细分析被控对象、控制过程和要求，熟悉工艺流程和列出了所有的功能和指标要求后，与继电器控制系统和工业控制系统进行比较，加以选择。如果对于可靠性和安全性的要求比较高，同时控制对象所处的环境又比较差，特别是系统工艺复杂多变，输入/输出又以开关量居多，那么比较适合用 PLC 进行控制，而用常规的继电器控制系统往往难以胜任。确定了控制对象之后，应进一步确定 PLC 的控制范围。对于那种机械重复式的操作，或者容易出错的操作，以及要求比较精确的操作，应该交给 PLC 来控制。而那些紧急状况的处理，和对智能判断要求比较高的操作，可以留有人工的手动操作方式的接口。

二、PLC 机型的选择

机型选择基本原则：在功能满足的前提下，力争最好的性价比，并有一定的可升级性。首先，按实际控制要求进行功能选择：单机控制还是要联网通信；一般开关量控制，还是要增加特殊单元；是否需要远程控制；现场对控制器响应速度有何要求；控制系统与现场是分开还是在一起等。然后，根据控制对象的多少选择适当的 I/O 点数和信道数；根据 I/O 信号选择 I/O 模块，选择适当的程序存储量。在具体选择 PLC 的型号时可考虑以下几个方面：

1. 功能的选择

对于以开关量为主，带少量模拟量控制的设备，一般的小型 PLC 就可以满足要求。对于模拟量控制的系统，具有很多闭环控制的系统，可视控制规模的大小和复杂程度，选用中档或高档机。对于需要联网通信的控制系统，要注意机型统一，以便其模块可相互换用，便于备件采购和管理。功能和编程方法的统一，有利于产品的开发和升级，有利于技术水平的提高和积累。对于有特殊控制要求的系统，可选用有相同或相似功能的 PLC。选用有特殊功能的 PLC，而不必添加特殊功能模块。配了上位机后，可方便地控制各独立的 PLC，连成一个多级分布的控制系统，相互通信，集中管理。

2. 基本单元的选择

基本单元的选择包括响应速度、结构形式和扩展能力。

对于以开关量控制为主的系统，一般 PLC 的响应速度足以满足控制的需要。但是对于模拟量控制的系统，则必须考虑 PLC 的响应速度。在小型 PLC 中，整体式比模块式的价格便宜，体积也较小，只是硬件配置不如模块式的灵活。在排除故障所需的时间上，模块式相对来说比较短，应该多加关注能扩展单元的数量、种类以及扩展所占用的信道数和扩展口等。

3. 编程方式

PLC 的编程包括在线编程和离线编程。

PLC 的在线编程：有两个独立的 CPU，分别在主机和编程器上。主机 CPU 主要完成控制现场的任务，编程器 CPU 处理键盘编程命令。在扫描周期末尾，两 CPU 会互相通信，编程器里的 CPU 会把改好的程序传送给主机，主机将在下一个扫描周期的时候，按照新的程序进行控制，完成在线编程的操作。可在线编程的 PLC 由于增加了软硬件，因此价格较高，但应用范围比较广泛。

PLC 的离线编程：主机和编程器共享一个 CPU。在同一时刻，CPU 要么处于编程状态，要么处于运行状态，可通过编程器上的"运行/编程"开关进行选择。减少了软硬件开销，因此价格比较便宜，中、小型的 PLC 多采用离线编程的方式。

三、内存容量估计

内存的容量会受到内存利用率、开关量 I/O 点数、模拟量 I/O 点数以及用户的编程水平的影响。

1. 内存利用率

内存利用率是指一个程序段中的接点数与存放该程序段所代表的机器码所需内存字数的比值。对于同一个程序而言，高利用率可以降低内存的使用量，还可以缩短扫描时间，提高系统的响应速度。

2. 开关量输入和输出的点数

PLC 输入和输出的总点数对所需内存容量的大小影响较大。一般系统中，开关量输入和输出的比为 6:4，根据经验公式，可以算出所需内存的字数：

所需内存字数=开关量（输入+输出）总点数×10

3. 模拟量输入和输出的点数

模拟量的处理要用到数字传送和运算的功能指令，内存利用率较低，要更多的内存。模拟量输入，一般要经过读入、数字滤波、传送和比较等，模拟量输出，可能还要比较复杂的运算和闭环控制，将上述步骤编制成子程序进行调用，可大大减少所需内存的容量。针对 10 点左右的模拟量的经验公式：

只有模拟量输入时：内存字数=模拟量点数×100。

模拟量输入/输出共存时：内存字数=模拟量点数×200。

当点数小于 10 时，要适当加大内存；反之可适当减小。

4. 程序编程质量

质量高的程序往往短小精悍，占内存少。对于初学者在考虑内存容量时，可多留一点余量。

四、I/O 模块的选择

1. PLC 控制系统 I/O 点数估算

表 9-1 是典型传送设备及电气组件所需 I/O 点数表。

表 9-1

典型传送设备及电气组件所需 I/O 点数表

序号	电气设备和组件	输入点数	输出点数	I/O 总点数
1	Y-△启动的笼型电动机	4	3	7
2	单向运行的笼型电动机	4	1	5
3	可逆运行的笼型电动机	5	2	7
4	单向变极电动机	5	3	8
5	可逆变极电动机	6	4	10
6	单向运行的直流电动机	9	16	15
7	可逆运行的直流电动机	12	8	20
8	单线圈电磁阀	2	1	3
9	双线圈电磁阀	3	2	5
10	比例阀	3	5	8

续表

序号	电气设备和组件	输入点数	输出点数	I/O 总点数
11	光电管开关	2	—	2
12	按钮开关	1	—	1
13	拨码开关	4	—	4
14	三挡波段开关	3	—	3
15	行程开关	1	—	1
16	接近开关	1	—	1
17	位置开关	2	—	2
18	信号灯	—	1	1
19	风机	—	1	1
20	抱闸	—	1	1

（1）控制电磁阀所需的 I/O 点数。PLC 控制一个单线圈电磁阀需要 2 个输入和 1 个输出；控制一个双线圈电磁阀需要 3 个输入和 2 个输出；控制一个比例式电磁阀需要 3 个输入和 5 个输出。另外，控制一个开关需 1 个输入，一个信号灯需 1 个输出，而波段开关有几个波段就需要几个输入。一般情况下，各种位置开关都需要 2 个输入。

（2）控制交流电动机所需的 I/O 点数。PLC 控制交流电动机时，是以主令信号和反馈信号作为 PLC 的输入信号。例如，用 PLC 控制一台可逆运行的笼型电动机，需要 5 个输入点和 2 个输出点。控制一台Y—△启动的交流电动机，需要 4 个输入点和 3 个输出点。

（3）控制直流电动机所需的 I/O 点数。

直流调速的主要形式是晶闸管直流电动机调速系统，主要采用晶闸管整流装置对直流电动机供电。一般来说，用 PLC 控制一个可逆直流传动系统大约需要 12 个输入点和 8 个输出点。一个不可逆的直流传动系统需要 9 个输入点和 6 个输出点。

估算出被控对象的 I/O 点数后，应留有 10%～15%的 I/O 备用量，就可选择相应的 PLC。对于单机自动化或机电一体化的产品，可以选用小型 PLC；对于控制系统规模较大，输入输出点数又多的，可选用大、中型 PLC。

2. 输入和输出模块的选择

输入模块的功能主要是检测来自现场设备的输入信号，并将其转换成 PLC 内部可处理的电平信号。输入模块的类型有直流和交流两种，直流中又分为 5V、12V、24V、60V 和 68V；交流又分为 115V 和 220V 两种。对于传输距离比较近的，可以选用低电平，如

5V、12V 和 24V。对于传输距离比较远的，从可靠性角度考虑，宜选用高电压的模块。从所接负载多少的方面而言，同时接通的点数不得超过 60%。另外，为了提高系统的稳定性，还必须考虑阈值电平（接通电平与断开电平的差值）的大小。阈值电平越大，有利于远距离的传输，其抗干扰能力也就越强。

输出模块的功能主要是将内部的输出电平转换成可匹配外部负载设备的控制信号。

注意：输出模块同时接通点数的电流累计值必须小于公共端所允许通过的电流值。输出模块的输出电流大小要大于负载电流的额定值。

五、PLC 的硬件设计

硬件设计：要完成系统流程图的设计，详细说明各个输入信息流之间的关系，具体安排输入和输出的配置，以及对输入和输出进行地址分配。

在对输入进行地址分配时，可将所有的按钮和限位开关分别集中配置，相同类型的输入点尽量分在一个组。对每一种类型的设备号，按顺序定义输入点的地址。如果有多余的输入点，可将每一个输入模块的输入点都分配给一台设备。将那些高噪声的输入模块尽量插到远离 CPU 模块的插槽内，以避免交叉干扰，因此这类输入点的地址较大。

在进行输出配置和地址分配时，也要尽量将同类型设备的输出点集中在一起。按照不同类型的设备，顺序地定义输出点地址。如果有多余的输出点，可将每一个输出模块的输出点都分配给一台设备。另外，对彼此有关联的输出器件，如电动机的正转和反转等，其输出地址应连续分配。

在进行上述工作时，也要结合软件设计以及系统调试等方面的考虑。合理地安排配置与地址分配的工作，会给日后的软硬件设计，以及系统调试等带来很多方便。

六、PLC 的软件设计

软件设计：完成参数表的定义，程序框图的绘制，程序的编制和程序说明书的编写。

参数表为编写程序作准备，对系统各个接口参数进行规范化的定义，不仅有利于程序的编写，也有利于程序的调试。参数表的定义包括输入信号表、输出信号表、中间标志表和存储表的定义。参数表的定义和格式因人而异，但总的原则是便于使用。

程序框图描述了系统控制流程走向和系统功能的说明。它应该是全部应用程序中各功能单元的结构形式，据此可以了解所有控制功能在整个程序中的位置。一个详细合理的程序框图有利于程序的编写和调试。

软件设计的主要过程是编写用户程序，它是控制功能的具体实现过程。

程序说明书是对整个程序内容的注释性的综合说明，应包括程序设计依据、程序基本结构、各功能单元详细分析、所用公式原理、各参数来源以及程序测试情况等。

　　在进行系统设计时，可同时进行硬件和软件的设计。这样有利于及时发现相互之间配合上面的一些问题，及早地改进有关设计，更好地共享资源，提高效率。

七、总装统调

　　软硬件设计在定型前，都要多次调试，以发现错误和改进不足。对于 PLC 控制系统，可先模拟调试，用硬件设备，如输入器件等组成的电路产生模拟信号，并将这些信号以硬接线的方式连到 PLC 系统的输入端，来模拟现场输入信号的状态；用输出指示灯来模拟被控对象；用 FXGP 或 GPPW 软件将设计好的控制程序传送到 PLC 中，进行程序的监控和模拟调试运行。模拟调试过程中，可采用分段调试的方法，逐步扩大，直到整个程序的调试。

　　模拟调试通过后，才进行实际的总装统调。先要仔细检查 PLC 外部设备接线是否正确，设备管脚上工作电压是否正常。在将用户程序传送到 PLC 之前，可先用一些短小的测试程序检测外部的接线状况，看看有无接线故障。进行这类预调时，要将主电路先行断开，避免误操作或电路故障损坏主电路元器件。一切确认无误后，将程序送入存储器总调试，直到各部分的功能都能正常，协调一致成为一个正确的整体控制为止。如果发现问题，则要对硬件和软件的设计做出调整。全部调试结束后，可以将程序长久保存在有记忆功能的 EPROM 或 EEPROM 中。

第十章 实 践 训 练

第一节 多种液体混合控制系统

一、控制要求

在化工行业经常会涉及多种液体的混合问题。如图 10-1 所示为液体混合装置，上、中、下限位传感器在其各自被液体淹没时为 ON，否则为 OFF。电磁阀 YV1、YV2、YV3，当其线圈通电时打开，线圈断电时关闭。开始容器是空的，电磁阀均处于关闭状态，传感器为 OFF 状态。

按下启动按钮，打开阀 YV1，液体 A 流入容器中，当限位开关 SQ3 变为 ON 时，关闭阀 YV1，打开阀 YV2，液体 B 流入容器，当液位到达限位开关 SQ2 时，关闭阀 YV2，打开阀 YV3，液体 C 流入容器，当液位到达限位开关 SQ1 时，关闭阀 YV3，搅拌电动机开始运行，搅动液体 60s 后停止搅拌，打开阀 YV4，放出混合液，当液面降至限位开关 SQ4 后再过 5s，关闭阀 YV4，系统回到初始状态。

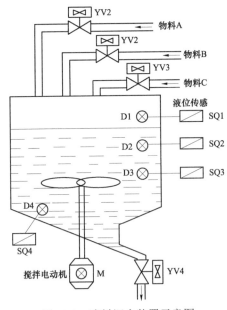

图 10-1 液料混合装置示意图

二、操作步骤

1. 列出 I/O 地址通道分配表

根据控制要求分析，列出 I/O 地址通道分配，见表 10-1。

表 10-1
I/O 分配表

输　入			输　出		
作用	输入元件	输入点	输出点	输出元件	作用
高限位开关	SQ1	X1	Y1	YV1	液料 A 电磁阀
中限位开关	SQ2	X2	Y2	YV2	液料 B 电磁阀
低限位开关	SQ3	X3	Y3	YV3	液料 C 电磁阀
下限位开关	SQ4	X4	Y4	YV4	放料阀
起动按钮	SB1	X5	Y5	KM1	搅拌电动机 M
停止按钮	SB2	X6			

2. 设计电气原理图

根据控制要求与 I/O 地址通道分配，设计电气原理如图 10-2 所示。

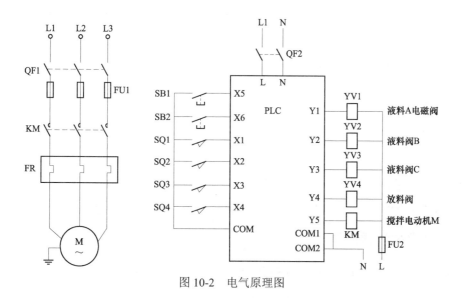

图 10-2　电气原理图

3. 主要元器件的选择

表 10-2 所示是主要元件明细表，表中的元件仅供参考。

表 10-2
元件明细表

名　　称	型　　号	数　　量
按钮开关	TPB-2	1
液位传感器	LSF-2.5	4
电动机	EJ15-3	1
入罐电磁阀	VF4-25	3
出罐电磁阀	AVF-40	1
接触器	CJX1-9/220V	1
PLC	FX2N-32MR	1
断路器	DZ47-63/3P D10 DZ47-63/2P D5	1 1
熔断器	RT18-32/10 RT18-32/5	3 1
热继电器	JR16-10	1
导线		若干

4. 配电盘的安装与配线（略）

5. 设计顺序功能图

根据控制要求，液料混合的过程控制属于单序列顺序控制，我们可以将整个过程分为以下几个步骤：

初始状态→液体 A 流入→液体 B 流入→液体 C 流入→搅动液体→放出混合液体→计时 5s→停止在初始状态。如图 10-3 所示是液料混合控制的单序列顺序功能图。

6. 编制相应的梯形图

根据顺序功能图，编制液料混合控制的梯形图，如图 10-4 所示。

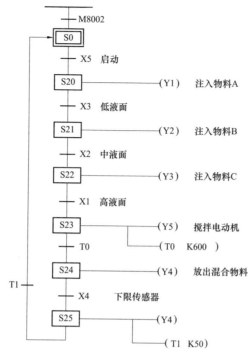

图 10-3 液料混合控制单序列顺序功能图

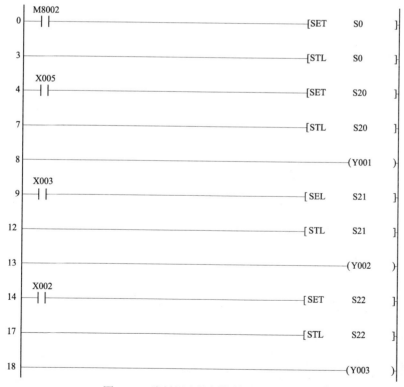

图 10-4 液料混合控制的梯形图 (一)

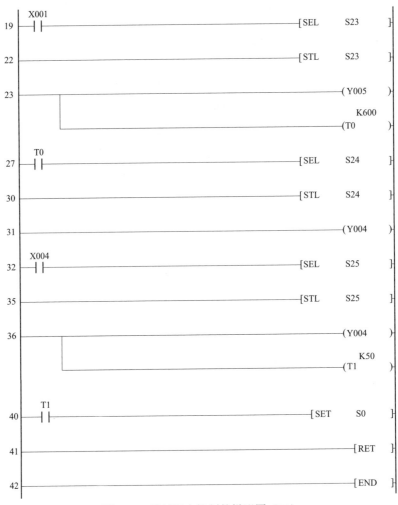

图 10-4　液料混合控制的梯形图（二）

7. 输入程序，进行调试

将程序输入到 PLC 中，然后进行程序调试。调试过程中要注意各动作顺序，每次操作都要注意监控观察各输出和相关的定时器（T1 和 T2 的变化），检查是否实现了液料混合系统所要求的液体混合、搅拌和放出的功能。

第二节　组合钻床控制系统

一、控制要求

某组合钻床可用来加工圆盘状零件上分布的 6 个孔。操作人员先放好工件，按下启动按钮工件被加紧，加紧压力继电器 X1 为 0N，Y2 和 Y4 使两只钻头同时开始向下进给。大钻头钻到限位开关 X2 所设定的深度后，Y3 使它上升，到限位开关 X3 时停止上行。小钻头同时钻，到限位开关 X4 设定的深度时，Y5 使它上升，升到由限位开关 X5 设定的起始位置时停止上行，同时设定值为 3 的计数器的当前值加 1，表明一对孔加工完毕。两个都到位后，Y6 使工件旋转 120°，旋转到位后开始钻第二对孔。3 对孔都钻完后，Y7 使工件松开，松开到位后，系统回到初始状态。

二、操作步骤

1. 列出 I/O 地址通道分配表

根据控制要求，大钻和小钻是同时工作，所以此序列属于并行序列；而在判断是否钻完三对孔时，需要用到选择序列，所以这是一个并行序列与选择序列的组合。

根据控制要求，列出 I/O 地址通道分配表，见表 10-3。

表 10-3

I/O 地址通道分配表

输　　入			输　　出		
输入点	输入元件	作用	输出点	输出元件	作用
X0	SB1	起动按钮	Y1	KM1	工件夹紧
X1	SQ1	夹紧压力继电器	Y2	KM2	大钻头下进给
X2	SQ2	大钻下限位开关	Y3	KM3	大钻头退回
X3	SQ3	大钻上限位开关	Y4	KM4	小钻头下进给
X4	SQ4	小钻下限位开关	Y5	KM5	小钻头退回
X5	SQ5	小钻上限位开关	Y6	KM6	工件旋转
X6	SQ6	工件旋转限位开关	Y7	KM7	工件放松
X7	SQ7	松开到位限位开关			

2. 设计 PLC 的接线图

PLC 的外部接线图，如图 10-5 所示。

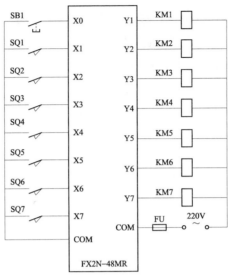

图 10-5　组合钻床控制 PLC 接线图

3. 设计顺序功能图

根据控制要求或加工工艺要求，设计顺序功能图，如图 10-6 所示。

整个控制过程的工序大致为：

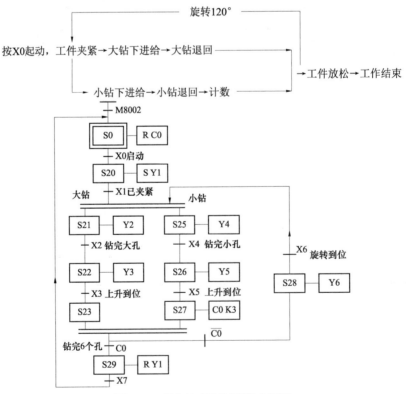

图 10-6　组合钻床控制顺序功能图

4. 编制相应的梯形图

根据顺序功能图，编制出相应的梯形图，如图 10-7 所示。

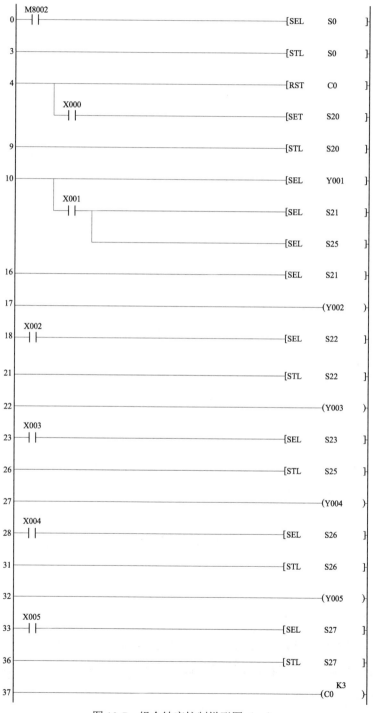

图 10-7　组合钻床控制梯形图（一）

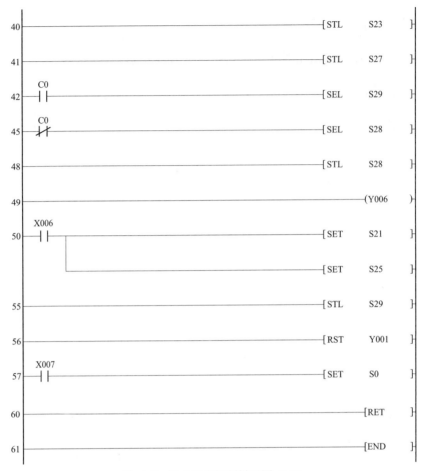

图 10-7　组合钻床控制梯形图（二）

5. 输入程序，进行调试

调试时，注意各动作的顺序，并注意观察计数器 C0 的数值变化，并在监控状态下，注意观察各个步之间的转换情况。

第三节　十字路口交通灯控制系统

一、控制要求

某十字路口有东西向和南北向红绿灯：东西向车辆通行，东西向绿灯亮 45s 后，之后闪烁 5s，此时南北向红灯亮 50s，车辆禁止通行，然后南北向绿灯亮 45s，闪烁 5s，同时东西向红灯亮 50s，一直循环。

二、操作步骤

1. 列出 I/O 地址通道分配表

根据控制要求，列出 I/O 地址通道分配表，见表 10-4。

表 10-4

I/O 地址通道分配表

输 入			输 出		
输入点	输入元件	作用	输出点	输出元件	作用
X0	SB1	起动按钮	Y0	指示灯	南向红灯
			Y1	指示灯	南向绿灯
			Y2	指示灯	北向红灯
			Y3	指示灯	北向绿灯
			Y4	指示灯	东向红灯
			Y5	指示灯	东向绿灯
			Y6	指示灯	西向红灯
			Y7	指示灯	西向绿灯

2. 设计顺序功能图

根据控制要求分析，南北向和东西向是同时工作的，所以此序列属于并行序列，顺序功能图如图 10-8 所示。

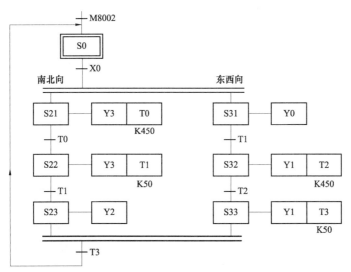

图 10-8 十字路口交通灯控制顺序功能图

3. 编制相应的梯形图

根据顺序功能图，编制相应的梯形图，如图 10-9 所示。

```
 M8002
 ─┤├──────────────────────────────────────[SET    S0    ]

 ──────────────────────────────────────────[STL    S0    ]

        X000
 ────────┤├─────────────────────────────────[SET    S21   ]
              │
              └──────────────────────────────[SET    S31   ]

 ──────────────────────────────────────────[STL    S21   ]

              ┌────────────────────────────────────(Y003   )
              │                                      K450
              └────────────────────────────────────(T0     )

  T0
 ─┤├──────────────────────────────────────[SET    S22   ]

 ──────────────────────────────────────────[STL    S22   ]
                                                    K50
 ───────────────────────────────────────────────────(T1    )

              M8013
 ─────────────┤├─────────────────────────────────(Y003   )

  T1
 ─┤├──────────────────────────────────────[SET    S23   ]

 ──────────────────────────────────────────[STL    S23   ]

 ──────────────────────────────────────────────────(Y002   )

 ──────────────────────────────────────────[STL    S31   ]

 ──────────────────────────────────────────────────(Y000   )

  T1
 ─┤├──────────────────────────────────────[SET    S32   ]

 ──────────────────────────────────────────[STL    S32   ]

              ┌────────────────────────────────────(Y001   )
              │                                      K450
              └────────────────────────────────────(T2     )

  T2
 ─┤├──────────────────────────────────────[SEL    S33   ]
```

图 10-9　十字路口交通灯控制梯形图（一）

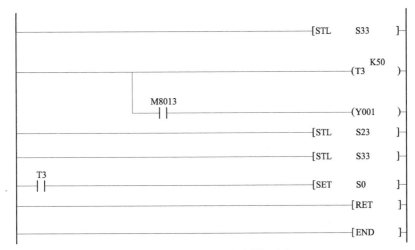

图 10-9 十字路口交通灯控制梯形图（二）

4. 输入程序，进行调试

将程序输入到 PLC 中，然后进行程序调试。调试过程中要注意各动作顺序，每次操作都要注意监控观察各输出的变化，检查是否实现了系统所要求的功能。

第四节　机械手传送工件的 PLC 控制系统

一、控制要求

如图 10-10 所示为机械手传送工件的动作示意图。

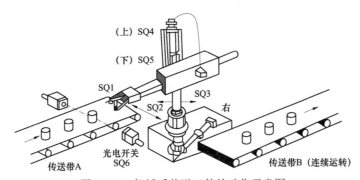

图 10-10 机械手传送工件的动作示意图

系统运行前，机械手处于原位状态，即右限 SQ3、下限 SQ5 受压。按下起动按钮，传送带 B 开始运行，同时机械手从右下限开始上升。机械手上升至上限位，SQ4 动作，上升动作结束，同时机械手开始左旋动作。机械手旋转至左限位，SQ2 动作，左旋动作结束，同时机械手开始下降动作。机械手下降至下限位，SQ5 动作，下降动作结束，同时传送带 A 开始起动。传送带 A 将工件传送进入光电开关检测区，SQ6 动作，传送带 A 停止运行，同时机械手开始抓物动作。机械手抓住工件，SQ1 动作，抓物动作完成，同时机械手再次开始上升。机械手上升至上限位，SQ4 动作，上升动作结束，同时机械手开始右旋动作。机械手旋转至右限位，SQ3 动作，右旋动作结束，同时机械手开始下降动作。机械手下降至下限位，SQ5 动作，下降动作结束，同时机械手开始放物动作，经延时后，放物动作完成。

以上是机械手传送工件的一次完整的工作流程，系统中传送带 B 随机械手的运行状态而工作，即按下起动按钮开始运转，按下停止按钮结束运转。

二、操作步骤

1. 列出 I/O 地址通道分配表

PLC 的输入端有单周期运行起动按钮，循环起动、停止按钮，机械手夹紧 SQ1，左限位 SQ2，右限位 SQ3，上升限位 SQ4，下降限位 SQ5，光电开关 SQ6 等 9 个输入端。传送带 A、B 运转，手臂上升、下降、左摆、右摆、手抓工件等 7 个 PLC 输出端。

根据其控制要求及 I/O 点，对此系统进行分析列出 I/O 分配表，见表 10-5。

表 10-5

机械手传送工件控制系统的 I/O 分配表

输 入		输 出	
输入点	名称及功能说明	输出点	名称及功能说明
X000	单周期运行起动按钮 SB1	Y000	传送带 A 运转
X001	连续循环运行起动按钮 SB2	Y001	传送带 B 运转
X002	连续循环运行停止按钮 SB3	Y002	手臂上升
X003	手爪夹紧限位传感器 SQ1	Y003	手臂下降
X004	手臂旋转左限位传感器 SQ2	Y004	手臂右摆
X005	手臂旋转右限位传感器 SQ3	Y005	手臂左摆
X006	手臂提升限位传感器 SQ4	Y006	手抓物件
X007	手臂下降限位传感器 SQ5		
X010	光电开关传感器 SQ6		

2. 设计顺序功能图

机械手传送工件控制系统的顺序功能图，如图 10-11 所示。

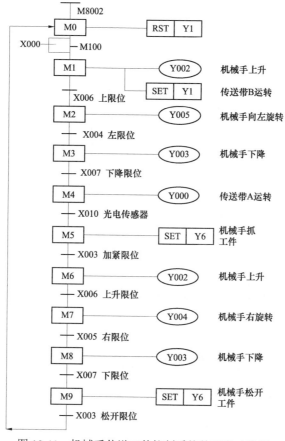

图 10-11　机械手传送工件控制系统的顺序功能图

3. 设计梯形图程序

根据"起-保-停"设计方法，机械手传送工件控制系统的梯形图，如图 10-12 所示。

4. 程序录入与调试

根据编写的梯形图录入程序，将录入的程序传送到 PLC，并进行调试，检查是否完成了控制要求，直至运行符合任务要求方为成功。

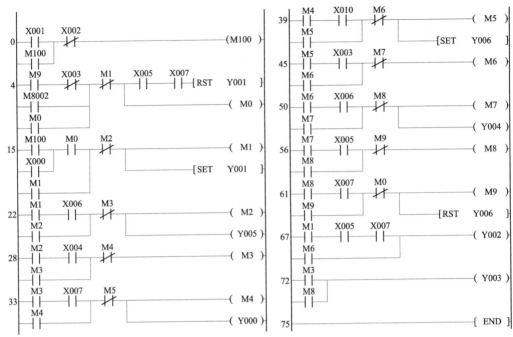

图 10-12　机械手传送工件控制系统的梯形图程序

第五节　CA6140 车床的 PLC 改造

一、设备控制要求

CA6140 车床共有 3 台电动机，控制如下。

（1）主轴电动机 M1。带动主轴旋转和刀架做进给运动，由交流接触器 KM1 控制，热继电器 FR1 作过载保护，FU1 及断路器 QF 作短路保护。

（2）冷却泵电动机 M2。输送切削液，由交流接触器 KM2 控制，热继电器 FR2 作过载保护，FU2 作短路保护。

（3）刀架快速移动电动机 M3。拖动刀架的快速移动，由交流接触器 KM3 控制，由于刀架移动是短时工作，用点动控制，未设过载保护，FU2 兼作短路保护。

（4）CA6140 车床辅助控制有刻度照明灯、照明灯。

二、操作步骤

1. 列出 I/O 地址通道分配

分析控制要求，首先确定 I/O 的个数，进行 I/O 的分配。本实例需要 10 个输入点，6

个输出点，见表 10-6。

表 10-6

PLC 的 I/O 配置

输　　入			输　　出		
输入点	输入元件	作用	输出点	输出元件	作用
X0	SB	钥匙开关	Y0	QF	QF 的线圈
X1	SB1	停止 M1	Y1	KM1	控制 M1
X2	SB2	起动 M1	Y2	KM2	控制 M2
X3	SB3	起动 M3	Y3	KM3	控制 M3
X4	SA1	控制 M2	Y4	HL	刻度照明
X5	SA2	照明灯开关	Y10	EL	工作照明
X6	SQ1	皮带罩防护开关			
X7	SQ2	电气箱防护开关			
X10	FR1	M1 过载保护			
X11	FR2	M2 过载保护			

2. 绘制电气接线原理图

分析控制要求分析，结合 I/O 地址分配，设计并绘制 PLC 系统接线原理图，如图 10-13 所示。

重点提示：

（1）设计电路原理图时，应充分理解控制要求，做到原理设计合理、功能完善并符合实际设备的要求。

（2）PLC 继电器输出所驱动的负载额定电压为 110V、24V、6V。

（3）为了更加保证控制功能的合理性和可靠性，在输入硬接线时，将热继电器 FR1 和 FR2 的动合触头作为控制信号接入 PLC；在输出硬接线时，将热继电器 FR1 和 FR2 的动断触头串接在各线圈的回路中。

3. 材料准备

根据电气接线原理图，列出设备所需要的材料清单，如表 10-7 所示。

重点提示：

（1）选择电气元件时，要根据设备的操作任务和操作方式，确定所需元件，并考虑元

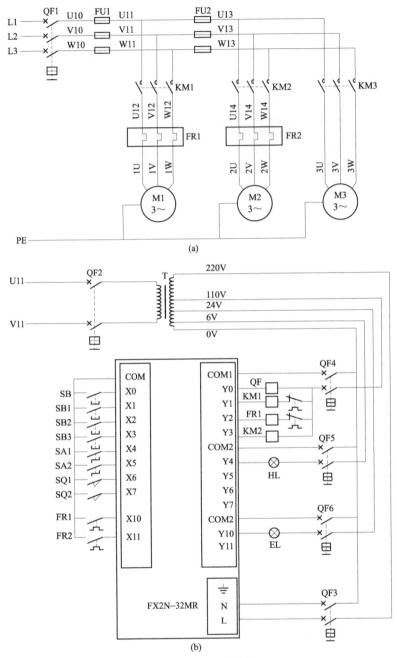

图 10-13　PLC 接线图

（a）PLC 系统接线原理图（一）；（b）PLC 系统接线原理图（二）

件的数量、型号、额定参数和安装要求。

（2）检测元器件的质量好坏。

（3）PLC 的选型要合理，在满足要求下尽量减少 I/O 的点数，以降低硬件的成本。

表 10-7

材料清单

序号	分类	名称	型号规格	数量	备注
1	工具	电工工具		1 套	
2	器材	万用表	MF47 型	1 块	
3		可编程序控制器	FX2N-32MR	1 台	
4		计算机	自定	1 台	
5		三菱编程软件	GX-Developer Ver.8	1 套	
6		配电盘	500mm×600mm	1 块	
7		导轨	C45	2m	
8		断路器	AM2-40，20A	1 只	
9		断路器	DZ47-63/2P，3A	4 个	
10		断路器	DZ47-63/2P，6A	1 个	
11		交流接触器	CJX1-32 线圈电压 110V	1 个	
12		交流接触器	CJX1-9 线圈电压 110V	2 个	
13		热继电器	JRS1-09/25，15.4A	1 个	
14		热继电器	JRS1-09/25，0.32A	1 个	
15		按钮	LAY3	2 个	
16		按钮	LAY3-01ZS/1	1 个	
17		按钮	LA9	1 个	
18		钥匙开关	LAY3-01Y/2	1 个	
19		位置开关	JWM6-11	2 只	
20		端子排	TB-2020	1 根（20 节）	
21		控制变压器	JBK3-100 380/220、110、24、6V	1 只	
22		信号灯	ZSD-0，6V	1 只	
23		机床照明灯	JC11	1 只	
24		熔断器	RT14-32，20A，6A	6 只	
25	耗材	铜塑线	BVR/2.5mm²	20m	主电路
26		铜塑线	BVR/0.5mm²	30m	控制电路
27		紧固件	螺钉（型号自定）	若干	
28		线槽	25mm×35mm	若干	
29		号码管		若干	

4. 安装与接线

根据图 10-13 所示的 PLC 控制变频器接线图，按照以下安装电路的要求在控制配线板上进行元件及线路安装。

（1）检查元器件。根据表 10-7 配齐元器件，检查元器件的规格是否符合要求，并用万用表检测元器件是否完好。

（2）固定元器件。检查元器件的质量好坏，并固定好所需元器件。

（3）配线安装。按照配线原则和工艺要求，进行配线安装。

（4）自检。对照接线图检查接线是否无误，再使用万用表检测电路的阻值是否与设计相符。

重点提示

（1）将所有元件装在一块配电板上，做到布局合理、安装牢固，符合安装工艺规范。

（2）根据接线原理图配线，做到接线正确、牢固、美观。

（3）I/O 线和动力线应分开走线，并保持距离。数字量信号一般采用普通电缆就可以；模拟信号线和高速信号线应采用屏蔽电缆，并做好接地要求。

（4）安装 PLC 应远离强干扰源，并可靠地接地，最好和强电的接地装置分开，接地线的截面积应大于 2mm^2，接地点与 PLC 的距离应小于 50cm。

5. 程序设计

程序设置时应符合下列原则。

（1）程序设计要合理，且不改变原来的操作习惯和顺序。

（2）程序实现应保持机床原有的功能不变。

（3）程序设计简洁、易读、符合控制要求。

C6140A 车床的 PLC 梯形图程序如图 10-14 所示。

6. 程序下载与调试

熟练的操作编程软件，能正确将编制的程序输入 PLC；按照被控设备的要求进行调试、修改，达到设计要求。

重点提示：

（1）通电前使用万用表检查电路的正确性，确保通电成功。

（2）调试程序前先对程序进行模拟调试，对系统各种工作要求和方式都要逐一检查，不能遗漏，直到符合控制要求。

（3）现场调试中，接入实际的信号和负载时，应充分考虑各种可能的情况，做到认

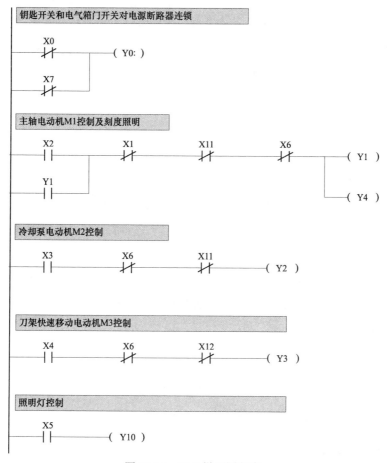

图 10-14 PLC 梯形图程序

真、仔细、全面地完成现场调试。

（4）注意人身和设备的安全。

第六节 X62W 万能铣床的 PLC 改造

一、设备控制要求

X62W 万能铣床的主运动是主轴带动铣刀的旋转运动。其主要由底座、床身、悬梁、主轴、刀杆支架、工作台、回转盘、横溜板和升降台等组成，其运动形式如下。

1. 主运动

主轴带动铣刀的旋转运动，有顺铣和逆铣两种加工方式，要求主轴电动机能够正反转，实际中不需频繁改变转向，故采用组合开关来控制主轴电动机的正反转；采用电磁离合器制动以实现准确停车；主轴变速由变速箱实现，电气无需调速；为了操作的便利，要求采用两地控制。

主轴电动机 M1 提供主轴带动铣刀旋转的动力，由交流接触器 KM1 控制其运转，旋转方向由组合开关 SA3 来选择，热继电器 FR1 作过载保护，熔断器 FU1 作短路保护。

2. 进给运动

铣床的工作台要求有前后、左右、上下 6 个方向的进给运动和快速移动，要求电动机能正反转；为扩大加工能力，在工作台上可加装圆形工作台，由进给电动机经传动机构驱动；为保证机床和刀具的安全，在铣削加工时，任何时刻工件只允许有一个方向的进给运动，采用机械手柄和行程开关相配合的方式实现 6 个方向的连锁；并且要求主轴旋转后，才允许进给运动，进给停止后主轴才能停止。

进给电动机 M2 提供进给运动和快速移动的动力，由交流接触器 KM3、KM4 控制 M2 正反转，热继电器 FR3 作过载保护，熔断器 FU2 作短路保护。

3. 辅助运动

工作台的快速移动，由电磁离合器控制；主轴和进给的变速冲动，是为了保证变速后齿轮的啮合良好，由电动机做瞬时点动来实现。主轴制动电磁离合器，由停止按钮 SB5、SB6 控制；进给和快速移动由交流接触器 KM2 来控制。

4. 冷却泵电动机 M3

输送冷却液，由组合开关 QS2 控制器运转，热继电器 FR2 作过载保护，熔断器 FU1 兼作短路保护。

二、操作步骤

1. I/O 地址通道分配

分析控制要求，首先确定 I/O 的个数，进行 I/O 的分配。本实例需要 14 个输入点，7 个输出点，见表 10-8。

表 10-8

I/O 分配表

输 入			输 出		
输入点	输入元件	作用	输出点	输出元件	作用
X0	SB1、SB2	主轴电动机 M1 起动	Y0	KM1	控制主轴 M1 启停

续表

输　　入			输　　出		
输入点	输入元件	作用	输出点	输出元件	作用
X1	SB3、SB4	快速进给点动	Y1	KM2	控制进给 M2 正转
X2	SB5、SB6	主轴电动机 M1 停止、制动	Y2	KM3	控制进给 M2 反转
X3	SA1	换刀开关	Y4	YC1	主轴 M1 制动控制
X4	SA2	圆形工作台开关	Y5	YC2	M2 正常进给
X5	SQ1	主轴冲动开关	Y6	YC3	M2 快速进给
X6	SQ2	进给冲动开关	Y10	EL	工作照明灯
X7	SQ3	M2 正反转及连锁			
X10	SQ4	M2 正反转及连锁			
X11	SQ5	M2 正反转及连锁			
X12	SQ6	M2 正反转及连锁			
X13	FR1	M1 过载保护			
X14	FR2	M2 过载保护			
X15	FR3	M3 过载保护			
X16	SA3	工作照明灯			

2. PLC 接线图

根据控制要求分析，设计并绘制 PLC 系统接线原理图，如图 10-15 所示。

重点提示同第十章第五节。

3. 材料准备

根据电气接线原理图，列出设备所需要的材料清单，见表 10-9。

重点提示：

（1）选择电气元件时，要根据设备的操作任务和操作方式，确定所需元件，并考虑元件的数量、型号、额定参数和安装要求。

（2）检测元器件的质量好坏。

（3）PLC 的选型要合理，在满足要求下尽量减少 I/O 的点数，以降低硬件的成本。

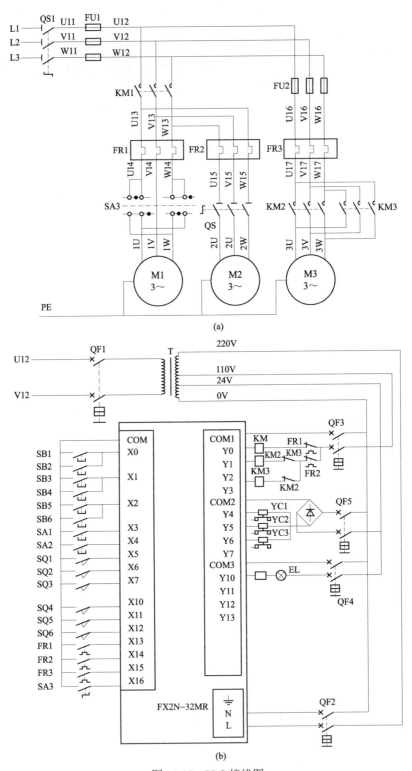

(a)

(b)

图 10-15　PLC 接线图

（a）PLC 系统接线原理图（一）；（b）PLC 系统接线原理图（二）

表 10-9

材料清单

序号	分类	名称	型号规格	数量	备注
1	工具	电工工具		1 套	
2		万用表	MF47 型	1 块	
3		可编程序控制器	FX2N-32MR	1 台	
4		计算机	自定	1 台	
5		三菱编程软件	GX-Developer Ver.8	1 套	
6		配电盘	600mm×800mm	1 块	
7		导轨	C45	3m	
8		组合开关	HZ10-60/3	1 只	
9		组合开关	HZ10-10/3	1 个	
10		组合开关	HZ3-133	1 只	
11		断路器	DZ47-63/2P，5A	5 个	
12		交流接触器	CJX1-25，线圈电压 110V	1 个	
13		交流接触器	CJX1-9，线圈电压 110V	4 个	
14		热继电器	JRS1-09/25，16A	1 个	
15	器材	热继电器	JRS1-09/25，3.4A	1 个	
16		热继电器	JRS1-09/25，0.43A	1 个	
17		按钮	LA2-11	6 个	
18		换刀开关	LS2-3A	1 个	
19		电磁离合器	B1DL-Ⅲ	1 个	
20		电磁离合器	B1DL-Ⅱ	2 个	
21		行程开关	LX3-11K	4 只	
22		行程开关	LX3-131	2 只	
23		熔断器	RL1-60/50A	3 只	
24		熔断器	RL1-15/10A	3 只	
25		端子排	TB-2020	3 根（60节）	
26		控制变压器	JBK3-150，380/220、110、24、6V	1 只	
27		信号灯	XD1，6V	2 只	
28		机床照明灯	JC11	1 只	

续表

序号	分类	名称	型号规格	数量	备注
29		铜塑线	BVR/4mm^2	30m	主电路
30		铜塑线	BVR/2.5mm^2	30m	主电路
31	耗材	铜塑线	BVR/0.5mm^2	40m	控制电路
32		紧固件	螺钉（型号自定）	若干	
33		线槽	25mm×35mm	若干	
34		号码管		若干	

4. 安装与接线

具体安装要求同第十章第五节，这里不再赘述。

5. 程序设计

X62W 铣床的 PLC 梯形图程序，如图 10-16 所示。

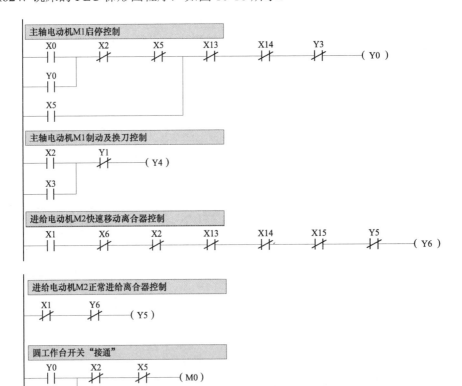

图 10-16　X62W 铣床的 PLC 梯形图程序（一）

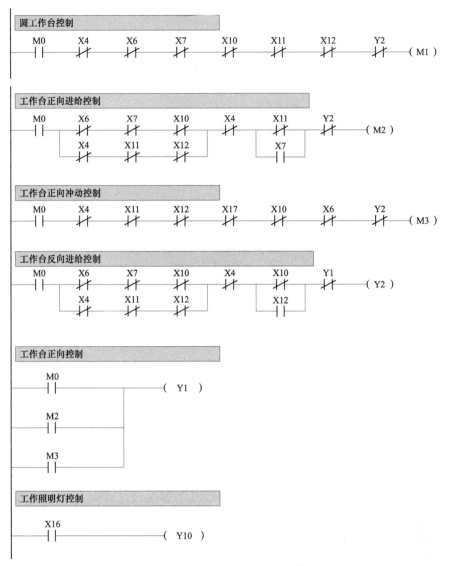

图 10-16 X62W 铣床的 PLC 梯形图程序（二）

6. 程序输入与调试

熟练地操作编程软件，能正确将编制的程序输入 PLC；按照被控设备的要求进行调试、修改，达到设计要求。

（1）通电前使用万用表检查电路的正确性，确保通电成功。

（2）调试程序前先对程序进行模拟调试，对系统各种工作要求和方式都要逐一检查，不能遗漏，直到符合控制要求。

（3）现场调试中，接入实际的信号和负载时，应充分考虑各种可能的情况，做到认真、仔细、全面地完成现场调试。

（4）注意人身和设备的安全。

第七节　PLC 控制变频器的正反转

一、设备控制要求

在很多生产设备中，经常要用 PLC 来控制变频器，进而实现对电动机的正反转控制和速度控制，要求如下。

（1）按下 SB1 按钮时，变频器控制电动机以频率 30Hz 正转 30s，然后以频率 30Hz 反转 50s，如此往复循环；按下停止按钮 SB2 时，变频器控制电动机停止。

（2）电动机功率 30kW，设备要求停机时速度要快，由于设备的惯性很大，故需外加制动单元和制动电阻。

二、操作步骤

1. PLC 选型和分配 I/O 地址通道

分析控制要求，系统共需要两个输入点，两个输出点，根据其控制要求及 I/O 点，对此系统进行分析，我们将选用型号为 FX1S-10MR-001 的 PLC 控制本系统。I/O 地址分配表，见表 10-10。

表 10-10

I/O 分配表

输　入			输　出		
输入点	输入元件	作用	输出点	输出元件	作用
SB1	烘干按钮	X000	Y000		正转
SB2	停止按钮	X001	Y001		反转

2. 设计绘制电气接线原理图

分析控制要求，结合 I/O 地址分配，设计并绘制 PLC 系统接线原理图，如图 10-17 所示。

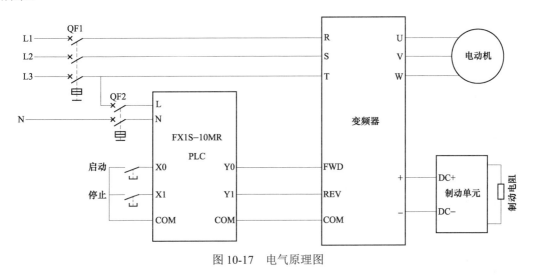

图 10-17　电气原理图

3. 变频器选型与参数设置

分析控制要求可知，电动机功率 30kW，而且要求停止快速，故应采用制动单元。变频器选用国产广东普雷斯顿有限公司的 MC100-037G/045P-4 变频器，制动单元型号为 B5-054，制动电阻值为 16Ω，功率为 9.6kW。具体变频器参数设置见表 10-11。

表 10-11
变频器参数设置

功能码	名　称	设　定　值
P0.01	频率给定通道	0（面板模拟电位器给定）
P0.03	运行命令通道	1（端子运行命令通道）
P0.04	运转方向设定	00（运行正反转）
P0.17	加速时间	5s
P0.18	减速时间	5s

4. 设计梯形图程序

根据"起-保-停"设计方法，沥青搅拌站控制系统的梯形图如图 10-18 所示。

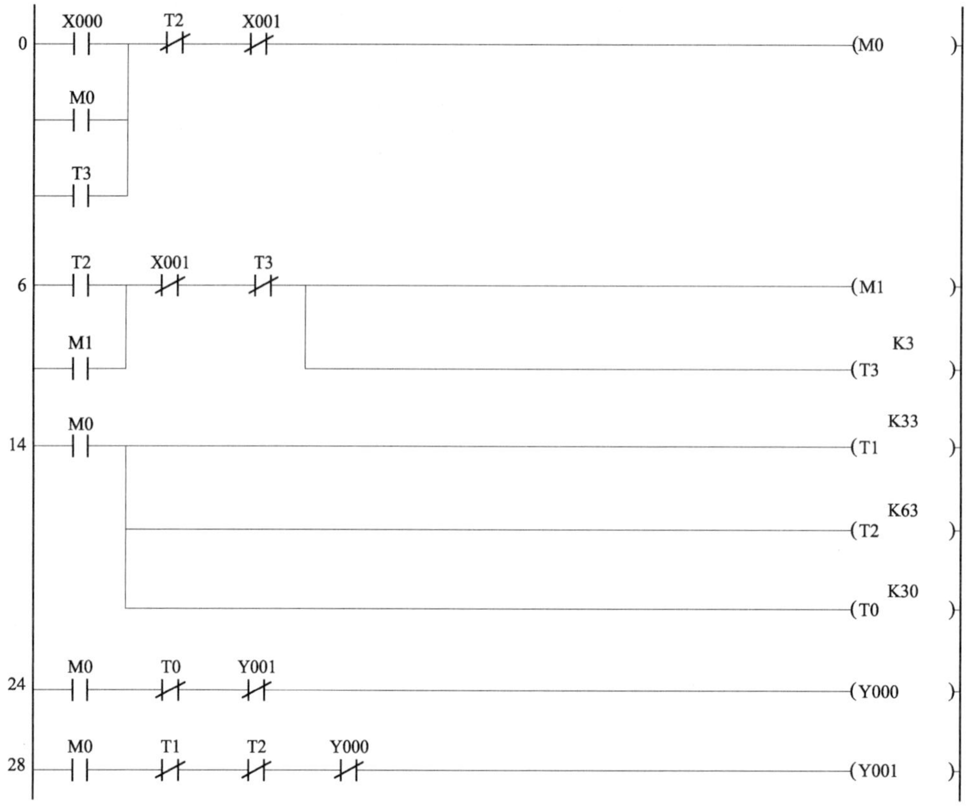

图 10-18 沥青搅拌站控制系统梯形图

5. 安装与接线

根据图 10-17 所示的 PLC 控制变频器接线图，按照以下安装电路的要求在配线板上进行元件及线路安装。

（1）检查元器件。检查元器件的规格是否符合要求，并用万用表检测元器件是否完好。

（2）固定元器件。检查元器件的质量好坏，并固定好所需元器件。

（3）配线安装。按照配线原则和工艺要求，进行配线安装。

（4）自检。对照接线图检查接线是否无误，再使用万用表检测电路的阻值是否与设计相符。

6. 变频器的参数设置

合上电源开关 QF，根据表 10-18 进行变频器的参数设置，具体操作方法及步骤可参见变频器说明书中介绍的有关参数设置，在此不再赘述。

7. 程序下载与调试

（1）将编制好的梯形图下载到 PLC 中。

（2）将录入的程序传送到 PLC，并进行空载调试，检查是否完成了控制要求，然后带负载调试，直至运行符合任务要求方为成功。

重点提示：

（1）通电前使用万用表检查电路的正确性，确保通电成功。

（2）调试程序前先对程序进行模拟调试，对系统各种工作要求和方式都要逐一检查，不能遗漏，直到符合控制要求。

（3）现场调试中，接入实际的信号和负载时，应充分考虑各种可能的情况，做到认真、仔细、全面地完成现场调试。

（4）注意人身和设备的安全。

第八节　PLC 与变频器在货物升降机系统中的应用

一、设备控制要求

1. 小型货物升降机的基本结构

升降机的升降过程是利用电动机正反转卷绕钢丝绳带动吊笼上下运动来实现的。一般由电动机、滑轮、钢丝绳、吊笼以及各种主令电器等组成，其基本结构如图 10-19 所示。SQ1～SQ4 可以是行程开关，也可以是接近开关，用于位置检测，起限位作用。

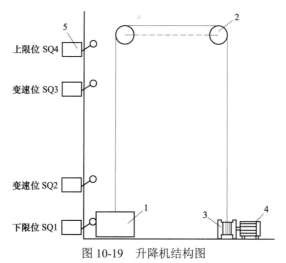

图 10-19　升降机结构图

1—吊笼；2—滑轮；3—卷筒；4—电动机；5—SQ1～SQ4 限位开关

2. 小型货物升降机系统控制要求

吊笼的升降过程是一个多段速控制过程，要求有一个由慢到快，然后由快到慢的过程，即起动时缓慢升速，达到一定速度后快速运行，当接近终点时，先减速再缓慢停车，因此，升降过程划分为三个行程区间，各区间段的升降速度如图 10-20 所示。

（1）上升运行。当升降机的吊笼位于下限位 SQ1 处时，按下提升启动按钮 SB2，吊笼以较低的第一速度（10Hz）平稳启动；当运行到预定位置 SQ2 时，以第二速度（30Hz）快速运行；等到达预定位置 SQ3 时，升降机开始降速，以第一速度（10Hz）运行，直到碰到上限开关 SQ4 处实现平稳停车。

（2）下降运行。当升降机的吊笼位于上限位 SQ4 处时，按下下降按钮 SB3，吊笼以较低的第一速度（10Hz）平稳缓慢下降运行；当下降到预定位置 SQ3 时，以第二速度（30Hz）快速下降运行；等到达预定位置 SQ2 时，升降机开始降速，以第一速度（10Hz）下降运行，直到碰到下限开关 SQ1 处实现平稳停车。

（3）急停状态。当升降机在运行过程中，发生紧急情况时，可按下急停按钮 SB1，升降机会停留在任意位置。

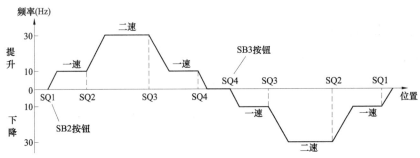

图 10-20　升降机升降速度示意图

二、操作步骤

1. 系统的硬件配置

（1）变频器的选择。正确选择变频器对于传动控制系统的正常运行是非常关键的，首先要明确使用变频器的目的，按照生产机械的类型、调速范围、速度响应和控制精度、启动转矩等要求，充分了解变频器所驱动的负载特性，决定采用什么功能的通用变频器构成控制系统，然后决定选用哪种控制方式最合适。所选用的通用变频器应是既要满足生产工艺的要求，又要在技术经济指标上合理。

本实例从使用稳定性和经济性等因素考虑，选用三菱 A740，7.5kW，外加制动电阻。

（2）PLC 的选择。PLC 的选择主要依据系统所需的控制点数及 PLC 的指令功能是否能满足系统控制要求，以及考虑稳定性、经济性等因素。

本例可根据控制系统原理图中 PLC 的 I/O 点数及其他综合性能，选择三菱 FX2N-32MR 系列 PLC。

（3）制动电阻的选择。本实例属于位能负载，在负载下放时，异步电动机将处于再生发电制动状态，实现快速停车或准确停车；在位能负载下放，电动机制动较快时，直流回路储能电容器的电压会上升很高，过高的电压会使变频器中的"制动过电压保护"动作，甚至造成变频器损坏。因此，需要选择外接制动电阻来耗散电动机再生的这部分能量。

1）制动电阻值的确定。目前，确定制动电阻值的方法有很多种，从工程角度来说的精确计算法在实际计算中常常会感到困难，主要原因就是部分参数无法确定。目前常用方法的就是估算法，实践证明，当放电电流等于电动机额定电流的一半时，就可以得到与电动机的额定转矩相同的制动转矩了，因此，制动电阻值的取值范围为

$$\frac{U_D}{I_{MN}} < R \leqslant \frac{2 \times U_D}{I_{MN}}$$

式中　　U_D ——制动电压准位；

　　　　I_{MN} ——电动机的额定电流。

2）制动电阻容量的确定。在实际拖动系统中进行制动时间比较短，在短时间内，制动电阻的温升不足以达到稳定温升。因此，决定制动电阻容量的原则是，在制动电阻的温升不超过其允许数值（即额定温升）的前提下，应尽量减小容量，粗略算法如下

$$P_B = \lambda \times P \times ED\% = \lambda \times \frac{U_D^2}{R} \times ED\%$$

式中　　$\lambda = 1 - \dfrac{|R - R_B|}{R_B}$ ——变频器降额使用系数；

　　　　$ED\%$ ——刹车使用率；

　　　　R ——实际选用的电阻阻值。

通常，在变频器的使用手册当中都有制动电阻的选配表，可作为我们在选用时参考。例如，三菱 FR-A740 小功率变频器制动电阻的选配见表 10-12。

表 10-12

小功率变频器制动电阻的选配表

变频器电压等级	变频器功率（kW）	制动电阻值（Ω）	制动电阻功率（W）
220V 系列	0.75	200	120
	1.5	100	300

续表

变频器电压等级	变频器功率（kW）	制动电阻值（Ω）	制动电阻功率（W）
	2.2	70	300
	3.7	40	300
	5.5	30	500
	0.75	750	120
	1.5	400	300
	2.2	250	300
380V 系列	3.7	150	500
	5.5	100	500
	7.5	75	780
	11	50	1200
	15	40	1560

本实例选用的制动电阻为波纹电阻，如图 10-21 所示，阻值为 75Ω、功率为 780W。

图 10-21　波纹电阻

2. 分配 I/O 地址通道

分析控制要求，首先确定 I/O 的个数，进行 I/O 的分配。本实例需要 7 个输入点，6 个输出点，见表 10-13。

表 10-13

I/O 分配表

输　　入			输　　出		
输入点	输入元件	作用	输出点	输出元件	作用
X0	SB1	急停按钮	Y0		接变频器端子 5、正转
X1	SB2	上升按钮	Y1		接变频器端子 6、反转
X2	SB3	下降按钮	Y2		接变频器端子 7、段速 1
X3	SQ1	下限位	Y3		接变频器端子 8、段速 2

续表

输　　入			输　　出		
输入点	输入元件	作用	输出点	输出元件	作用
X4	SQ2	一速	Y4	HL1	上升指示
X5	SQ3	二速	Y5	HL2	下降指示
X6	SQ4	上限位			

3. 设计并绘制电气原理接线图

升降机自动控制系统主要由三菱 FX2N-32MR 系列 PLC、三菱 FR-A740 变频器和三相笼型异步电动机组成，控制系统电气原理如图 10-22 所示。由于升降机在下降过程中会发生回馈制动，所以变频器外接制动电阻。图 10-22 中 QF 为断路器，具有隔离、过电流、欠电压等保护作用。急停按钮 SB1、上升按钮 SB2、下降按钮 SB3 根据操作方便可安装在底部和顶部，或者两地都安装，操作时，只需按下 SB2 或 SB3 按钮，系统就可自动实现程序控制。

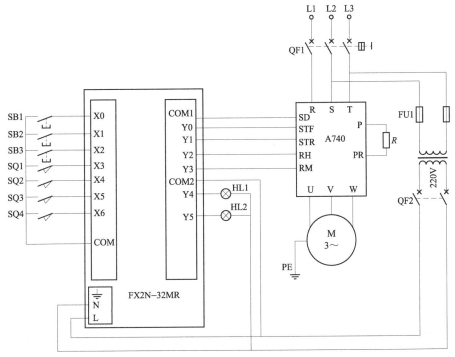

图 10-22　控制系统电气原理图

对于系统所要求的提升和下降，以及由限位开关获取吊笼运行的位置信息，通过 PLC

内部程序的处理后，在 Y0、Y1、Y2、Y3 端输出相应的"0""1"信号来控制变频器输入端子的端子状态，使变频器及时按图 10-20 所示输出相应的频率，从而控制升降机的运行特性。当 PLC 输出端 Y2 的状态为"1"，Y0 状态为"1"时，变频器输出一速频率，升降机以 10Hz 对应的转速上升。当 Y2、Y3 的状态为"01"时，继续保持 Y0 接通，变频器输出二速频率，升降机以 30Hz 对应的转速上升；当 PLC 输出端 Y2 的状态为"1"，Y1 状态为"1"时，变频器升降机以 10Hz 对应的转速下降。当 Y2、Y3 的状态为"10"时，继续保持 Y1 接通，变频器输出二速频率，升降机以 30Hz 对应的转速下降。

4. PLC 程序设计

编制顺序功能图如图 10-23 所示。

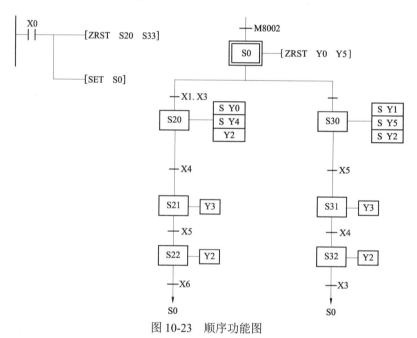

图 10-23　顺序功能图

5. 系统的安装与调试

（1）常用的工具和材料准备见表 10-14。

表 10-14

工具和材料

序号	分类	名称	型号规格	数量	备注
1	工具	电工工具		1 套	
2	器材	万用表	MF47 型或自定	1 块	

续表

序号	分类	名称	型号规格	数量	备注
3	器材	变频器	A740,7.5kW	1台	
4		PLC	FX2N-32MR	1台	
5		配电盘	500mm×600mm	1块	
6		导轨	C45	1m	
7		自动断路器	DZ47-63/3P D40 DZ47-63/2P D10	各1只	
8		三相异步电动机	型号自定	1台	
9		熔断器	RT18,10A	2只	
10		制动电阻	75Ω,780W	1只	
11		控制变压器	100VA,380/220V	1只	
12		指示灯	型号自定	2只	
13		按钮	型号自定	2只	
14		急停按钮	型号自定	1只	
15		限位开关	型号自定	4只	
16		端子排	D-10 30A/10A	各2根	
17		铜塑线	BVR1.5/2.5mm²	若干	
18		紧固件	螺钉（型号自定）	若干	
19		线槽	25mm×35mm	若干	
20		号码管		若干	
21		计算机	自定	1台	
22		编程软件	GX-Developer	1套	

（2）变频器、PLC 的安装与配线。根据原理图、变频器和 PLC 使用手册，进行安装与配线，并符合工艺技术要求。

变频器在实际运行中会产生较强的电磁干扰，为保证 PLC 不因为变频器主电路断路器及开关器件等产生的噪声而出现故障，故将变频器与 PLC 相连接时应该注意以下几点：

1）对 PLC 本身应按规定的接线标准和接地条件进行接地，而且应注意避免和变频器使用共同的接地线，且在接地时使二者尽可能分开。

2）当电源条件不太好时，应在 PLC 的电源模块及输入/输出模块的电源线上接入噪声滤波器、电抗器和能降低噪声用的器件等，另外，若有必要，在变频器输入一侧也应采取相应的措施。

3）当把变频器和 PLC 安装于同一操作柜中时，应尽可能使与变频器有关的电线和与 PLC 有关的电线分开，并通过使用屏蔽线和双绞线达到提高噪声干扰的水平。

（3）变频器参数设置。

重点提示：接通电源后，先进行恢复变频器工厂默认值。

1）电动机参数设置见表 10-15。为了使电动机与变频器相匹配，需要设置电动机参数。

表 10-15

电动机参数表

参数号	设定值	功 能 说 明
Pr.80	15kW	电动机容量
Pr.81	4 极	电动机磁极数
Pr.82	15A	电动机励磁电流
Pr.83	380V	电动机额定电压
Pr.84	50Hz	电动机额定频率
Pr.9	15A	电动机额定电流

2）变频器控制参数设置见表 10-16。

表 10-16

变频器控制设置参数表

参数号	设置值	功 能 说 明
Pr.1	50Hz	上限频率
Pr.2	0Hz	下限频率
Pr.3	50Hz	基本频率
Pr.4	10	第一速度
Pr.5	30	第二速度
Pr.7	1s	加速时间
Pr.8	1s	减速时间
Pr.79	3	组合模式 1

（4）调试运行。

1）按照要求设置变频器参数，并正确输入 PLC 程序。

2）PLC 程序模拟调试，观察 PLC 的各种信号动作是否正确。否则修改程序，直到正确。

3）空载调试。当 PLC 与变频器连接好后，不接电动机，即变频器处于空载状态。通过模拟各种信号来观察变频器运行是否符合要求，否则，检查接线、变频器参数、PLC 程序等，直到变频器按要求运行。

4）现场调试。正确连接好全部设备，进行现场系统调试。当吊笼在底部位置，且 SQ1 动合触点闭合时，按下 SB2，电动机以一速缓慢上升，到达 SQ2、SQ3 位置时，依此以快速、慢速上升。下降时与此类似，当遇到紧急情况时，按下 SB1 按钮，升降机会停在任意位置。

附录 FX 系列 PLC 的功能指令一览表

分类	FNC 编号	助记符	指令名称	适用机型			
				FX1S	FX1N	FX2N	FX2NC
程序流向控制指令	0	CJ	条件跳转	√	√	√	√
	1	CALL	子程序调用	√	√	√	√
	2	SERT	子程序返回	√	√	√	√
	3	IRET	中断返回	√	√	√	√
	4	EI	允许中断	√	√	√	√
	5	DI	禁止中断	√	√	√	√
	6	FEND	主程序结束	√	√	√	√
	7	WDT	警戒时钟	√	√	√	√
	8	FOR	循环开始	√	√	√	√
	9	NEXT	循环结束	√	√	√	√
数据比较及传送指令	10	CMP	比较	√	√	√	√
	11	ZCP	区间比较	√	√	√	√
	12	MOV	传送	√	√	√	√
	13	SMOV	移位传送	×	×	√	√
	14	CML	取反传送	×	×	√	√
	15	BMOV	块传送	√	√	√	√
	16	FMOV	多点传送	×	×	√	√
	17	XCH	数据交换	×	×	√	√
	18	BCD	BCD 码转换	√	√	√	√
	19	BIN	二进制码转换	√	√	√	√
四则运算及逻辑运算指令	20	ADD	二进制加法	√	√	√	√
	21	SUB	二进制减法	√	√	√	√
	22	MUL	二进制乘法	√	√	√	√
	23	DIV	二进制除法	√	√	√	√
	24	INC	二进制加 1	√	√	√	√
	25	DEC	二进制减 1	√	√	√	√

续表

分类	FNC 编号	助记符	指令名称	适用机型			
				FX1S	FX1N	FX2N	FX2NC
四则运算及逻辑运算指令	26	WAND	逻辑与	√	√	√	√
	27	WOR	逻辑或	√	√	√	√
	28	WXOR	异或	√	√	√	√
	29	NEG	求补	×	×	√	√
循环及移位指令	30	ROR	循环右移	×	×	√	√
	31	ROL	循环左移	×	×	√	√
	32	RCR	带进位循环右移	×	×	√	√
	33	RCL	带进位循环左移	×	×	√	√
	34	SFTR	位右移	√	√	√	√
	35	SFTL	位左移	√	√	√	√
	36	WSFR	字右移	×	×	√	√
	37	WSFL	字左移	×	×	√	√
	38	SFWR	先进先出（FIFO）写入	√	√	√	√
	39	SFRD	先进先出（FIFO）读出	√	√	√	√
数据处理指令	40	ZRST	成批复位	√	√	√	√
	41	DECO	解码	√	√	√	√
	42	ENCO	编码	√	√	√	√
	43	SUM	置 1 位数总和	×	×	√	√
	44	BON	置 1 位数判别	×	×	√	√
	45	MEAN	平均值	×	×	√	√
	46	ANS	信号报警器置位	×	×	√	√
	47	ANR	信号报警器复位	×	×	√	√
	48	XCH	二进制平方根	×	×	√	√
	49	FTL	二进制整数转换为二进制浮点	×	×	×	√
高速处理指令	50	REF	I/O 刷新	√	√	√	√
	51	REFF	输入滤波时间常数调整	×	×	√	√
	52	MTR	矩阵输入	√	√	√	√
	53	HSCS	高速计数器置位	√	√	√	√
	54	HSCR	高速计数器复位	√	√	√	√

分类	FNC编号	助记符	指令名称	适用机型			
				FX1S	FX1N	FX2N	FX2NC
高速处理指令	55	HSZ	高速计数区间比较	×	×	√	√
	56	SPD	速度检测	√	√	√	√
	57	PLSY	脉冲输出	√	√	√	√
	58	PWM	脉宽调制	√	√	√	√
	59	PLSR	可调脉冲输出	√	√	√	√
方便指令	60	IST	状态初始化	√	√	√	√
	61	SER	数据检索	×	×	√	√
	62	ABSD	绝对值式凸轮顺控	√	√	√	√
	63	INCD	增量式凸轮顺控	√	√	√	√
	64	TTMR	示教定时器	×	×	√	√
	65	STMR	特殊定时器	×	×	√	√
	66	ALT	交替输出	√	√	√	√
	67	RAMP	谐波信号输出	√	√	√	√
	68	ROTC	旋转工作台	×	×	√	√
	69	SOTR	数据整理排列	×	×	√	√
外部I/O设备指令	70	TKY	十键输入	×	×	√	√
	71	HKY	十六键输入	√	√	√	√
	72	DSW	数字开关	√	√	√	√
	73	SEGD	七段译码	×	×	√	√
	74	SEGL	带锁存七段译码显示	√	√	√	√
	75	ARWS	方向开关	×	×	√	√
	76	ASC	ASCII 码转换	×	×	√	√
	77	PR	ASCII 码打印输出	×	×	√	√
	78	FROM	读特殊功能模块	√	√	√	√
	79	TO	写特殊功能模块	√	√	√	√
外部（SER）设备指令	80	RS	串行数据传送	√	√	√	√
	81	PRUN	并行数据传送	√	√	√	√
	82	ASCII	十六进制转换为 ASCII 码	√	√	√	√
	83	HEX	ASCII 码转换为十六进制	√	√	√	√

分类	FNC 编号	助记符	指令名称	适用机型			
				FX1S	FX1N	FX2N	FX2NC
外部（SER）设备指令	84	CCD	校验码	√	√	√	√
	85	VRRD	模拟量读出	√	√	√	√
	86	VRSC	模拟量开关设定	√	√	√	√
	87						
	88	PID	PID 运算	√	√	√	√
	89						
浮点运算指令	110	ECMP	二进制浮点比较指令	×	×	√	√
	111	EZCP	二进制浮点区间比较指令	×	×	√	√
	118	EBCD	二进制浮点转换为十进制浮点	×	×	√	√
	119	EBIN	十进制浮点转换为二进制浮点	×	×	√	√
	120	EADD	二进制浮点加法	×	×	√	√
	121	ESUB	二进制浮点减法	×	×	√	√
	122	EMUL	二进制浮点乘法	×	×	√	√
	123	EDIV	二进制浮点除法	×	×	√	√
	127	ESQR	二进制浮点开方	×	×	√	√
	129	INT	二进制浮点转换为二进制整数	×	×	√	√
浮点运算指令	130	SIN	浮点 SIN 运算	×	×	√	√
	131	COS	浮点 COS 运算	×	×	√	√
	132	TAN	浮点 TAN 运算	×	×	√	√
	147	SWAP	高低位变换	×	×	√	√
点位控制指令	155	ABS	当前绝对位值读取	√	√	×	×
	156	ZRN	回原点	√	√	×	×
	157	PLSV	变速脉冲输出	√	√	×	×
	158	DRVI	增量驱动	√	√	×	×
	159	DRVA	绝对位置驱动	√	√	×	×
时钟运算指令	160	TCMP	时钟数据比较	√	√	√	√
	161	TZCP	时钟数据区间比较	√	√	√	√
	162	TADD	时钟数据加法	√	√	√	√
	163	TSUB	时钟数据减法	√	√	√	√

分类	FNC 编号	助记符	指令名称	适用机型			
				FX1S	FX1N	FX2N	FX2NC
时钟运算指令	166	TRD	时钟数据读出	√	√	√	√
	167	TWR	时钟数据写入	√	√	√	√
	169	HOUR	计时仪	√	√	×	×
格雷码指令	170	GRY	格雷码变换	×	×	√	√
	171	GBIN	格雷码逆变换	×	×	√	√
	176	RD3A	模拟块读出	×	√	×	×
	177	WR3A	模拟块写入	×	√	×	×
触电比较指令	224	LD=	[S1]=[S2]	√	√	√	√
	225	LD>	[S1]>[S2]	√	√	√	√
	226	LD<	[S1]<[S2]	√	√	√	√
	228	LD< >	[S1]≠[S2]	√	√	√	√
	229	LD≤	[S1]≤[S2]	√	√	√	√
	230	LD≥	[S1]≥[S2]	√	√	√	√
	232	AND=	[S1]=[S2]	√	√	√	√
	233	AND>	[S1]>[S2]	√	√	√	√
	234	AND<	[S1]<[S2]	√	√	√	√
	236	AND< >	[S1]≠[S2]	√	√	√	√
	237	AND≤	[S1]≤[S2]	√	√	√	√
	238	AND≥	[S1]≥[S2]	√	√	√	√
	240	OR	[S1]=[S2]	√	√	√	√
	241	OR>	[S1]>[S2]	√	√	√	√
	242	OR<	[S1]<[S2]	√	√	√	√
	244	OR< >	[S1]≠[S2]	√	√	√	√
	245	OR≤	[S1]≤[S2]	√	√	√	√
	246	OR≥	[S1]≥[S2]	√	√	√	√